KB272912

도시의
MBTI

도시의 **MBTI**

도시의 성격을 파악하여 설계·행정·재생을 이어가는 운영 지침서

2026년 2월 10일 초판 1쇄 발행

지은이 장기민·변병설
펴낸이 김종욱

교정·교열 조은영
디자인 허민정
마케팅 백인영
출판운영 류서진

주 소 경기도 파주시 회동길 325-22 세화빌딩
신고번호 제382-2010-000016호
대표전화 032-326-5036
구입문의 032-326-5036 / 010-6471-2550 / 070-8749-3550
팩스번호 031-360-6376
전자우편 mimunsa@naver.com
ISBN 979-11-87812-46-3 03530

도시의 MBTI

도시의 성격을 파악하여

설계·행정·재생을 이어가는 운영 지침서

장기민·변병설 지음

미문사

필자는 변병설 박사님과 정반대의 MBTI를 가지고 있다. 한가지 공통점이 있다면 우리 둘 다 계획형 J가 아닌 즉흥적 P라는 점이다. 변병설 박사님은 ISTP, 나는 ENFP이다. 도시계획학 박사인 우리 둘 다 계획적이지 않은 성향의 MBTI를 보유하고 있다는 점은 상당히 역설적이면서도 흥미로운 부분이다.

함께 책 작업을 하면서 느꼈던 장점 중 하나는 서로 다른 성향의 차이가 '상호 보완적'으로 작용하게 되면 시너지를 불러올 수 있다는 점이었다. 논리적이며 정성적인 필자의 연구 스타일과 계량적이면서 정량적 분석을 추구하는 변병설 박사님 상호간의 간극을 메우는게 가장 중요한 과제였는데, 다행스럽게도 우리는 '하버드씽킹'이라는 베스트셀러를 함께 집필했던 경험이 있었기에 이번 책도 큰 어려움 없이 시작해 볼 수 있었다.

이 책을 처음 기획하고 원고를 완성하는 데까지 총 3~4년 정도의 시간이 걸린 것 같다. 돌이켜보면 지금껏 여러 권의 책을 집필했었음에도 이번 책처럼 난이도가 높았던 작업은 결단코 없었다. 일 년 동안 90% 이상의 원고를 써 놓고서도 맥락과 컨셉의 불일치로 모두 엎었다. 또 다시 새로운 기획으로 완성했지만 2% 부족한 마음이 들어 처음부터 다시 시작하기를 여러 번 반복했다. 결코 쉽지 않은 작업이었다. 이 과정에서 우리는 끊임 없이 토의했고, 좋은 책을 쓰기 위해 함께 고민했다.

이 책은 도서출판 미문사 김종욱 대표님과의 두 번째 작업이기도 하다. 필자가 쓴 베스트셀러 『도시는 다 계획이 있구나』를 출간해 주신 미문사에서 이번 책의 작업도 기꺼이 맡아주셨음에 감사드린다. 또한 세종대학교 건축학과 김영욱 교수님께도 감사의 말씀을 전한다.

본 책의 연구에서는 도시라는 복잡한 생태계가 하나의 인격체로 분류되고, 또 그 성향이 MBTI로 분석된다. 이는 단행본으로서는 세계 최초의 작업이자 창의적 접근이라는 점에서 자부심을 갖는다. 이 책을 읽는 독자는 책의 내용을 통해 도시를 대하는 또 하나의 새로운 시각을 얻을 수 있게 되길 바란다.

글쓴이 장기민

차례

MBTI 4지표 간략표

지표	약자	영어(원어)	뜻(간단)
에너지 방향	E / I	Extraversion / Introversion	외향 / 내향
정보 인식	S / N	Sensing / iNtuition	감각(현실) / 직관(가능성)
판단 기준	T / F	Thinking / Feeling	사고(논리) / 감정(가치)
생활 양식	J / P	Judging / Perceiving	판단(계획) / 인식(유연)

MBTI 16유형 한 줄 해석표

유형	한 줄 해석(약자 뜻 풀기)
ESTJ	E(외향) + S(감각) + T(사고) + J(판단)
ESTP	E(외향) + S(감각) + T(사고) + P(인식)
ESFJ	E(외향) + S(감각) + F(감정) + J(판단)
ESFP	E(외향) + S(감각) + F(감정) + P(인식)
ENTJ	E(외향) + N(직관) + T(사고) + J(판단)
ENTP	E(외향) + N(직관) + T(사고) + P(인식)
ENFJ	E(외향) + N(직관) + F(감정) + J(판단)
ENFP	E(외향) + N(직관) + F(감정) + P(인식)
ISTJ	I(내향) + S(감각) + T(사고) + J(판단)
ISTP	I(내향) + S(감각) + T(사고) + P(인식)
ISFJ	I(내향) + S(감각) + F(감정) + J(판단)
ISFP	I(내향) + S(감각) + F(감정) + P(인식)
INTJ	I(내향) + N(직관) + T(사고) + J(판단)
INTP	I(내향) + N(직관) + T(사고) + P(인식)
INFJ	I(내향) + N(직관) + F(감정) + J(판단)
INFP	I(내향) + N(직관) + F(감정) + P(인식)

01

디자인

도시의 얼굴을 재구성하다

ENTJ

인천광역시 송도국제도시

ENTJ 지휘관형 리더. 전략·효율·목표달성.

- Ⓔ 외향적
- Ⓝ 직관·미래 지향
- Ⓣ 논리 판단
- Ⓙ 계획적

인천 송도국제도시는 전형적인 ENTJ형이다. 외향적이면서 비전 지향적이고, 체계적인 계획과 전략으로 목표를 달성하며, 효율성과 논리를 중시하면서도 리더십으로 주변을 이끌어가는 특성. 송도는 이 모든 ENTJ의 특질을 도시 공간으로 구현해낸 살아 있는 건축물이다. 특히 이 도시는 '디자인'이라는 명확한 언어로 자신의 정체성을 설명하며, 한국 도시계획사에서 선구자적 역할을 수행하고 있다.

ENTJ형 도시의 첫 번째 특징은 명확한 비전과 전략적 계획이다. 송도국제도시는 2007년 국내 최초로 경관 상세 계획을 수립하며, 도시 공간을 단순한 물리적 구조가 아닌 디자인 언어로 접근했다. 초창기부터 호주 시드니, 미국 뉴욕과 보스톤과 같은 선진 도시의 이미지를 벤치마킹하며 국제도시로서의 정체성을 명확히 설정했다. 송도의 가로는 뉴욕 파크애비뉴를 참고했고, 바다와 인접한 인천아트센터는 시드니 오페라하우스의 경관 요소를 담아냈다. 이러한 전략적 접근은 ENTJ가 장기적 목표를 설정하고 이를 체계적으로 실행해 나가는 방식과 정확히 일치한다. 센트럴파크, 커넬워크, 트리플스트리트와 같은 랜드마크는 단순한 시설이 아니라, 도시의 콘셉트를 시각적으로 구현한 디자인 선언문이다.

디자인적 측면에서 송도는 논리형 도시의 명료함을 보여준다. 송도는 도시 사용자와의 커뮤니케이션을 위해 '디자인'이라는 언어를 선택했다. 커넬워크는 쇼핑과 휴식 공간을 건축물 사이의 수로로 연결한 독특한 구조로, 내향적 보행 어메니티를 본질로 삼는다. 이는 일반적인 카페거리와는 차별화된 디자인 언어를 구사하며, 보행자들이 공간을 향유하고 소비 활동을 자연스럽게 이어갈 수 있도록 설계되었다. 트리플스트리트는 뉴욕주립대학교, 연세대학교와 인접한 스트리트형 복합쇼핑몰로, 대학생이라는 명확한 타깃층에 맞춘 전략적 배치가 돋보인다. 내부 공공 보행 통로는 보행 환경을 개선하면서도 가로형 쇼핑공간 이용의 효율성을 극대화한다. ENTJ가 논리와 효율을 중시하듯, 송도는 모든 공간 요소가 명확한 목적과 기능을 갖추고 있다.

교육적 측면에서 송도는 외향형 도시의 개방성과 글로벌 지향성을 드러낸다. 인천글로벌캠퍼스에는 뉴욕주립대학교를 비롯한 해외 명문대 분교들이 입주하며, 송도를 세계 수준의 글로벌 교육허브로 만들고 있다. 15개의 UN 산하 국제기구가 집중된 것도 송도만의 독특한 자산이다. UN 아시아태평양 정보통신기술훈련센터, UN 재해위험경감사무소, UN 지속가능발전센터, 녹색기후기금 등 국제기구들이 G-Tower를 중심으로 클러스터를 형성하며, 송도를 뉴욕에 버금가는 국제기구 중심도시로 성장시키고 있다. ENTJ가 네트워킹과 외부 교류를 통해 영향력을 확장하듯, 송도는 글로벌 기관들과의 협력을 통해 도시의 위상을 높이고 있다.

산업적 측면에서 송도는 판단형 도시의 추진력을 보여준다. IT와 BT의 첨단 지식 및 서비스 산업의 글로벌 거점으로 육성되고 있으며, 국제업무단지를 중심으로 체계적인 산업 생태계를 구축하고 있다. 송도는 목표를 세우고 이를 단계적으로 실행하는 ENTJ형 리더십을 발휘한다. 2030년까지 국제기구 50개 유치라는 구체적 목표를 설정하고, 이를 위한 전용 빌딩 건립 등 실행 계획을 차근차근 진행 중이다. 송도컨벤시아에서 열리는 UN 공공행정포럼과 같은 국제 행사는 송도가 단순히 인프라를 갖춘 도시가 아니라, 글로벌 무대에서 리더십을 발휘하는 플랫폼 도시임을 증명한다.

미래 도시적 측면에서 송도의 실험은 더욱 인상적이다. 송도는 세계 최초의 스마트시티, 유비쿼터스 도시로 출발하며 ICT 기술과 빅데이터를 도시 문제 해결에 적용했다. 더 나아가 송도는 LEED 인증을 도시 전체에 적용한 최초의 사례다. 개별 건축물 18개가 LEED 인증을 받았으며, 송도국제업무단지 전체가 LEED-ND 인증을 추진하고 있다. 고효율 에너지 설비, 자원 재활용, 환경공해 저감기술 등 친환경 기술이 도시 곳곳에 적용되었고, 풍부한 공원과 녹지는 송도를 도심의 허파로 만들었다. 센트럴파크는 국내 최초의 해수공원으로, 1.8km 길이의 해수로에서 수상택시와 카누를 즐길 수 있다. ENTJ가 혁신과 효율성을 추구하며 미래를 선도하듯, 송도는 지속가능성과 첨단기술을 결합한 미래 도시의 모델을 제시한다.

송도국제도시의 본질은 '디자인 언어를 통한 소통'이다. 모든 커뮤니케이션에는 언어가 필요하고, 송도는 그 언어를 디자인으로 선택했다. 조경과 건축물, 시설 등 다양한 디자인 요소가 도시의 가치를 설명하며 시민들과 끊임없이 대화를 이어간다. 사람들이 도시의 디자인을 향유하며 소비하는 모습은 개인이 도시와 긴밀하게 소통하고 있음을 의미한다. 도시에는 공공성이 존재하고, 그 공공성에 디자인이 표현될 때 사람들은 도시를 이용하고 사랑한다.

ENTJ형 도시 송도는 명확한 비전, 전략적 실행력, 논리적 구조, 글로벌 리더십을 통해 한국 도시 디자인의 선구자가 되었다. 디자인 언어로 자신을 설명하는 이 도시는, 사람 중심의 미래 도시가 어떻게 구현되어야 하는지를 세계에 보여주고 있다.

INFJ

인천광역시 청라국제도시

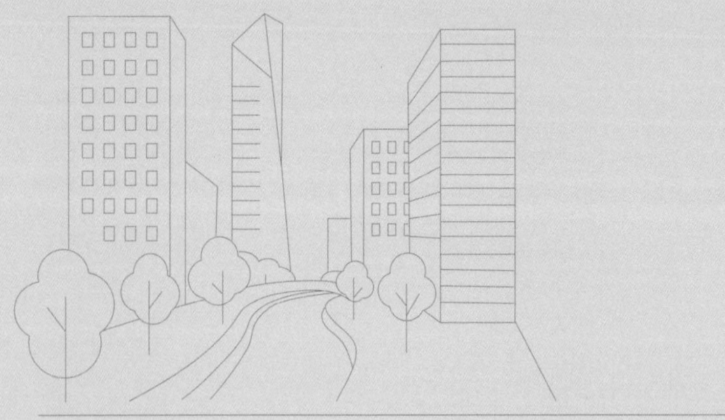

INFJ 통찰력·가치 지향. 조용한 비전가.

- Ⓘ 내향적
- Ⓝ 직관·미래 지향
- Ⓕ 감정·가치
- Ⓙ 계획적

인천 청라국제도시는 INFJ형 MBTI의 도시라고 말할 수 있을 것이다. 내면의 이상을 현실로 구현하려는 이상주의적 성향, 사람에 대한 깊은 이해와 배려, 조화로운 환경을 추구하는 감성, 그리고 장기적 비전을 가진 통찰력. 청라는 이 모든 특성을 공간 언어로 풀어낸 도시다. 특히 물을 중심으로 재구성된 도시 구조는 프랑스 철학자 미셸 푸코가 말한 '헤테로토피아', 즉 현실 속에 존재하는 이상향의 개념을 그대로 실현하고 있다.

INFJ형 도시의 첫 번째 특징은 내향적이면서도 깊이 있는 공간 구성이다. 청라국제도시는 화려한 외관보다 내면의 질을 중시한다. 총길이 4.5km에 달하는 커낼웨이 수변공원은 도시의 중심을 관통하며, 창해문화공원, 녹청문화공원, 에메랄드 정원광장으로 이어지는 층위를 형성한다. 이 수변공간은 단순한 장식이 아니라 도시민의 일상에 깊숙이 스며든 치유의 공간이다. 청라호수공원, 심곡천, 공촌천, 그리고 서해바다까지, 도시 전체가 물로 둘러싸인 구조는 사회학자 앙리 르페브르가 정의한 '매일 되풀이되는 생활'로서의 일상에서 벗어날 수 있는 비일상적 경험을 제공한다. INFJ형 사람들이 혼자만의 시간을 통해 에너지를 충전하듯, 청라의 수변공간은 도시민들에게 일상에서 잠시 벗어나 자신을 돌아볼 수 있는 내적 여유를 선사한다.

디자인적 측면에서 청라는 직관형 도시의 면모를 보여준다. 베네치아나 오사카 도톤보리와 같은 세계적 수변도시의 장점을 흡수하면서도, 한국적 맥락을 놓치지 않는 창조적 해석이 돋보인다. 지상층의 상업시설과 지하층의 수변공원이 입체적으로 연결되는 레이어 구조는, 단순히 현재의 기능만을 고려한 것이 아니라 미래의 가능성까지 내다본 설계다. 수변공간을 따라 배치된 상가들은 물길과 함께 호흡하며, 거리공연과 문화행사가 자연스럽게 펼쳐지는 도시의 무대가 된다. 이는 물리적 공간을 넘어 문화적 장소성을 창출하는 INFJ형 도시의 전형적 특징이다. '물의 도시'라는 명확한 정체성은 도시 브랜드로서의 차별화된 가치를 만들어내며, 청라만의 독특한 얼굴을 완성한다.

교육적 측면에서 청라는 감정형 도시의 따뜻함을 드러낸다. 송도의 채드윅 국제학교처럼 청라에도 달튼 외국인학교를 비롯한 국제 교육

기관들이 자리잡으면서, 송도와 함께 인천경제자유구역의 교육 허브로 자리매김했다. 하지만 청라의 교육 환경은 단순히 시설의 우수성을 넘어선다. 수변공원을 따라 산책하며 대화를 나누는 가족들, 호수공원에서 자전거를 배우는 아이들, 녹지 공간에서 책을 읽는 학생들. 청라는 교육을 학교 안에 가두지 않고 도시 전체를 배움의 터전으로 확장한다. INFJ형이 타인의 성장을 돕는 것에서 보람을 느끼듯, 청라는 다음 세대가 건강하게 자랄 수 있는 환경을 조성하는 데 깊은 관심을 기울인다. 국제학교가 단순히 외국인을 위한 시설이 아니라, 한국 학생들에게도 다문화 이해와 글로벌 감각을 키우는 기회를 제공한다는 점에서 청라의 포용적 가치관을 엿볼 수 있다.

산업적 측면에서 청라는 판단형 도시의 계획성을 보여준다. 초기 베드타운의 한계를 명확히 인식하고 '청라 3.0 시대'를 선언하며, 청라3동 일대에 총사업비 1조 7천억 원 규모의 국제업무단지 개발을 추진하고 있다. 2030년부터 2035년까지 단계적 완성을 추진하는 이 프로젝트는 주거와 일자리가 공존하는 진정한 자족도시의 면모를 갖추게 될 것이다. 코스트코, 스타필드, 하나글로벌 캠퍼스 등 주요 시설의 입주는 청라가 제공하는 '비일상적 경험'에 대한 시장의 반응이다. INFJ형이 장기적 목표를 세우고 체계적으로 실행하듯, 청라는 단계별 개발 계획을 통해 서울의 위성도시가 아닌 독립적인 경제 생태계를 구축해 가고 있다.

미래 도시적 측면에서 청라의 실험은 더욱 의미심장하다. 청라는 15분 보행생활권 개념을 실현하는 대표적 사례다. 주거지에서 반경 750m 이내에 교육, 의료, 복지, 문화, 여가 시설이 모두 배치되어, 주민들이 차량 없이도 일상생활을 영위할 수 있다. 이는 탄소중립과 지속가능성을 추구하는 전 세계 도시계획의 방향과 정확히 일치한다. 수변공간을 활용한 미기후 조절과 생태계 보전은, 기후위기 시대에 도시가 나아가야 할 길을 제시한다. INFJ형이 이상적 미래를 꿈꾸며 현실을 변화시키려 노력하듯, 청라는 사람과 자연이 조화롭게 공존하는 미래 도시의 모델을 실험하고 있다.

청라국제도시의 본질은 '사람 중심'이라는 한 문장으로 압축된다. 거대한 건축물이나 화려한 인프라가 아니라, 걷고 싶은 거리와 머물고 싶은 공간이 도시의 품격을 만든다. 청라는 물이라는 자연 요소를 도시 구조의 핵심으로 끌어들임으로써, 시민들이 일상 속에서 비일상을 경험할 수 있는 헤테로토피아를 완성했다. 업무를 보다가도 언제든 수변공원으로 나가 여유를 누릴 수 있는 이 도시는, 행복을 추구하는 인간의 본능에 충실한 공간이다.

도시의 얼굴은 건축물이 아니라 그곳에 사는 사람들의 표정으로 완성된다. INFJ형 도시 청라는 이상과 현실, 계획과 자연, 글로벌과 로컬을 조화롭게 엮어내며, 한국 도시계획사에 새로운 이정표를 세우고 있다. 물과 함께 호흡하는 이 도시의 정체성은, 사람 중심 미래 도시의 진정한 의미를 일깨운다.

ESTP

서울특별시 성동구 성수동

ESTP 활동적 해결사. 실전 감각 뛰어남.

- Ⓔ 외향적
- Ⓢ 현실·감각 중심
- Ⓣ 논리 결정
- Ⓟ 즉흥·유연

서울 성수동은 전형적인 ESTJ형 도시다. 현실적이고 실용적이며, 주어진 환경에 빠르게 적응하고, 효율성을 중시하면서도 전통을 존중하는 동시에 변화를 실행하는 추진력. 성수동은 이 모든 특질을 '거칠게' 구현해낸 도시다. 정교하게 설계된 신도시가 아니라, 쇠락한 공업지대를 실용적으로 재해석하며 자생적으로 진화한 공간. 성수동의 매력은 바로 이 '거칢'에 있다. 붉은 벽돌과 녹슨 철골, 노출된 배관과 콘크리트 바닥. 완벽하게 디자인된 것이 아니라 필요에 의해 재구성된 공간들이 오히려 진정성 있는 도시의 얼굴을 만들어냈다.

ESTJ형 도시의 첫 번째 특징은 현실 감각과 실용성이다. 성수동은 1970년대부터 수제화와 섬유 제조업이 밀집한 준공업지역이었다. 90년대까지 활기를 띠던 이곳은 생산 및 유통환경의 변화로 급격히 침체되었고, 문을 닫는 공장이 늘어나며 빈 건물들이 거리를 채웠다. 하지만 ESTJ가 위기 상황에서 실용적 해법을 찾아내듯, 성수동은 이 쇠락을 기회로 전환했다. 저렴한 임대료에 매력을 느낀 젊은 예술가, 창업가, 브랜드 기획자들이 낡은 공장과 창고를 매입하며 자생적 도시재생이 시작되었다. 전면 철거와 재개발이 아닌, 기존 구조를 살린 리노베이션. 이는 비용 효율적이면서도 공간의 역사성을 보존하는 ESTJ형 실용주의의 완벽한 사례다.

디자인적 측면에서 성수동은 감각형 도시의 구체성을 보여준다. 성수동의 디자인 언어는 '완성되지 않은 거칢'이다. 성수연방은 1970년대 화학공장을 리노베이션한 복합문화공간으로, 공장의 정체성을 훼손하지 않으면서 생산과 소비가 함께하는 공간으로 탈바꿈했다. 높은 천장과 노출된 철골 구조, 붉은 벽돌은 과거의 흔적을 그대로 드러내며 공간에 서사를 부여한다. 대림창고는 정미소를 개조한 $893m^2$ 규모의 복합문화공간으로, 전시회와 팝업스토어가 열리며 성수동의 랜드마크가 되었다. 이러한 공간들은 세련되게 다듬어진 것이 아니라, 있는 그대로의 물성을 드러내며 진정성을 확보한다. ESTJ가 화려한 수사보다 구체적 사실을 중시하듯, 성수동은 과장 없는 솔직한 공간 언어로 사람들과 소통한다.

산업적 측면에서 성수동은 외향형 도시의 적극성과 추진력을 드러
낸다. 성수동은 단순히 카페거리가 아니다. SM엔터테인먼트, 크래프
톤, 무신사, 쏘카, 현대글로비스 등 대기업과 유망 스타트업이 속속 둥
지를 틀며 기업 메카로 변모했다. 준공업지역이라는 지역 특성상 용
적률 400%, 건폐율 60%의 개발 여지가 있어 복합개발이 가능하다는
점도 매력이다. 서울시는 성수 삼표레미콘 부지에 10만m² 규모의 '서
울 유니콘 창업허브'를 조성해 1천 개의 스타트업이 입주할 수 있는

세계 최대 규모의 창업지원시설을 만들고 있다. 이마트 본사가 있던 부지에는 크래프톤이 사업비 2조 원을 들여 대표 복합문화공간을 조성 중이다. ESTJ가 목표를 설정하고 실행에 옮기는 추진력을 갖추었듯, 성수동은 구체적인 산업 생태계를 빠르게 구축하고 있다.

교육적이자 문화적 측면에서 성수동은 사고형 도시의 논리성을 보여준다. 성수동이 '한국의 브루클린'으로 불리는 이유는 단순한 외형 유사성 때문이 아니다. 뉴욕 브루클린 윌리엄스버그가 산업쇠퇴 후 예술가들이 모이며 창의적 허브로 재탄생한 과정과, 성수동의 자생적 도시재생 과정이 구조적으로 일치하기 때문이다. 이러한 비교는 단순한 감성이 아닌 논리적 분석에 근거한다. 더 나아가 성수동은 명품 브랜드들의 실험 무대가 되었다. 에르메스, 루이비통, 샤넬이 백화점 대신 성수동 카페거리에 팝업스토어를 열며 MZ세대와 소통하는 새로운 방식을 시도했다. 이는 명품 브랜드가 전통적 유통 채널이 아닌 로컬 문화 공간의 가치를 인정했다는 의미다. ESTJ가 전통을 존중하면서도 효율적인 새 방식을 받아들이듯, 성수동은 수제화거리라는 전통산업을 보존하면서도 팝업스토어와 카페 문화를 공존시킨다.

미래 도시적 측면에서 성수동의 가능성은 무궁무진하다. 성수동이 주는 교훈은 명확하다. 도시재생은 전면 철거와 신축이 아니라, 기존 자산의 창의적 재해석을 통해 가능하다는 것. 서울시가 '붉은벽돌 건축물 지원 사업'을 통해 성수동 일대를 특별 관리하며 공장과 창고의 리모델링을 지원하는 것도 이러한 맥락이다. 지속가능한 도시재생의 핵심은 공간의 스토리텔링과 커뮤니티 활성화다. 성수동은 과거 산업 유산을 보존하며 그 위에 새로운 문화 레이어를 쌓아올렸고, 400여 개의 수제화 공장과 400여 개의 카페가 공존하는 독특한 생태계를 만들어냈다. 이는 ESTJ가 전통과 혁신, 질서와 변화를 균형 있게 관리하는 능력과 닮아 있다.

성수동의 본질은 '거칠지만 진짜인 공간'이다. 완벽하게 계획되지 않았기에 오히려 사람들의 필요와 욕구에 민첩하게 반응한다. 노출된 콘크리트와 녹슨 철골은 도시의 솔직한 과거를 드러내고, 그 위에 덧씌워진 카페와 갤러리는 현재의 활력을 증명한다. ESTJ형 도시 성수동은 현실 감각, 실용성, 추진력, 전통 존중을 통해 한국 도시재생의 새로운 모델을 제시했다. 거칠게 리디자인된 이 도시는, 사람 중심의 미래 도시가 반드시 세련될 필요는 없다는 것을 증명한다. 진정성과 다양성, 그리고 변화에 대한 유연함이야말로 도시를 살아 있게 만드는 힘이다.

INTJ

프랑스 라데팡스

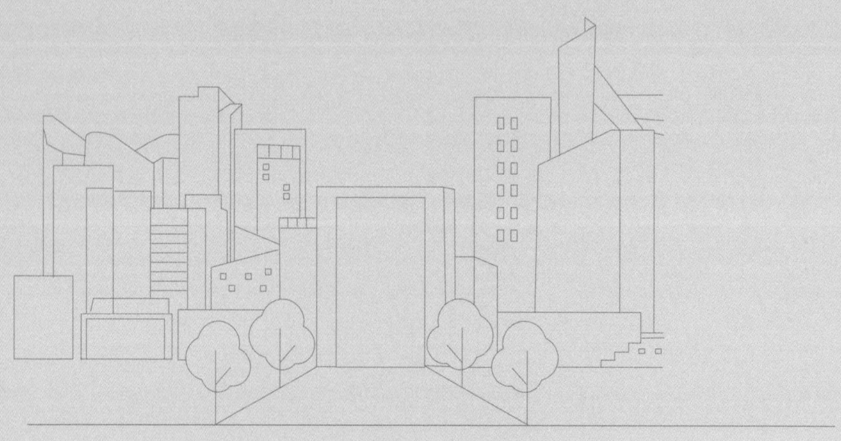

INTJ 전략가형. 구조화된 사고와 장기 계획.

- I 내향적
- N 직관·미래 지향
- T 논리 판단
- J 계획적

프랑스 파리의 라데팡스는 INTJ형에 가깝다. 내향적이면서도 직관적으로 미래를 설계하고, 논리와 체계를 중시하며, 장기적인 비전을 갖고 계획을 실행하는 특성. 라데팡스는 이 모든 INTJ의 특질을 50년에 걸친 도시계획으로 구현해낸 계획형 도시의 정수다. 특히 이 도시는 과거와 현재, 전통과 혁신을 하나의 축으로 연결하며, 기념비적 가치를 현대적 디자인 언어로 재해석한 공간의 헤리티지를 완성했다.

INTJ형 도시의 첫 번째 특징은 장기적 비전과 전략적 설계다. 라데팡스는 1950년대 파리의 무질서한 도시성장에 대응하기 위해 구상되었다. 중세부터 내려온 파리 중심부의 역사적 건축물을 보존하는 동시에, 증가하는 오피스와 주거 수요를 충족시켜야 하는 이중 과제를 안고 있었다. INTJ가 복잡한 문제의 본질을 파악하고 통합적 해법을 설계하듯, 프랑스 정부는 파리 도심에서 8km 서쪽, 센 강변에 새로운 비즈니스 지구를 조성하기로 결정했다. 1958년 라데팡스개발위원회가 설립되었고, 1964년 전체 마스터플랜이 완성되었다. 30여 년에 걸친 장기 프로젝트는 1990년대에 대부분의 공사를 마무리하며, 유럽 최대 규모의 업무단지 '유럽의 맨해튼'으로 완성되었다. 이러한 계획형 접근은 즉흥이 아닌 체계, 단기가 아닌 장기를 중시하는 INTJ의 전형이다.

디자인적 측면에서 라데팡스는 직관형 도시의 상징성과 창의성을 보여준다. 라데팡스의 핵심은 '역사적 축'이다. 루브르 박물관에서 시작해 콩코드 광장, 샹젤리제 거리, 에투알 개선문을 거쳐 라데팡스의 그랑드 아르슈까지 이어지는 이 일직선은 단순한 도로가 아니다. 프랑스의 역사와 권력, 영광을 시각화한 상징적 축이다. 1989년 프랑스 혁명 200주년을 기념해 건립된 그랑드 아르슈는 세계에서 가장 높은 개선문으로, 덴마크 건축가 요한 오토 폰 슈프레켈센의 설계에 따라 거대한 창과 구름을 형상화했다. 신 개선문은 에투알 개선문과 도로상 일직선에 위치하지만, 실제로는 축에서 6도 빗겨 배치되어 내부 측벽이 살짝 보이며 단순한 기하학적 형태에 입체미를 부여한다. INTJ가 추상적 개념을 구체적 형태로 구현하듯, 라데팡스는 역사적 가치를 현대적 건축 언어로 번역해냈다.

산업적 측면에서 라데팡스는 사고형 도시의 논리성과 효율성을 드러낸다. 라데팡스의 가장 큰 특징은 복층 구조다. 이는 1926년 르코르뷔지에가 제안한 보차분리 원칙을 세계 최초로 실현한 것으로, 지상과 지하의 기능을 철저히 분리했다. 46만 평의 지상 공간은 오로지 보행자만을 위한 영역으로, 오피스와 상업시설, 주거시설이 밀도 높게 배치되고 녹지가 조성되어 쾌적한 환경을 제공한다. 반면 지하에는 지하철과 고속도로, 일반도로가 지나가며 모든 차량 통행을 처리한다. 이러한 이중판형 구조는 혼잡 없는 고효율 생태계를 창출하며, 서로 다른 공간을 이용하는 사람들에게 높은 편익을 제공한다. INTJ가 논리와 효율을 추구하며 시스템을 최적화하듯, 라데팡스는 기능적 분리를 통해 공간 활용의 효율을 극대화했다.

교육적이자 문화적 측면에서 라데팡스는 내향형 도시의 깊이와 성찰을 보여준다. 라데팡스라는 이름은 1870년 프로이센 전쟁에서 파리를 방어하던 기념비에서 유래했다. 도시 전체가 프랑스의 역사적 방어와 저항 정신을 기념하는 동시에, 미래를 향한 도전을 상징한다. 라데팡스는 화려한 외형보다 내면의 질을 중시한다. 곳곳에 배치된 조형물, 공원, 광장은 도시적 이벤트를 느낄 수 있게 하고, 도시와 건축과 조각이 잘 어우러진 문화 공간을 만들어낸다. 1800년대 초 건립된 에투알 개선문과 1900년대 말 지어진 신 개선문은 디자인 요소와 질감이 서로 다르지만, 둘 다 파리의 3대 랜드마크로 자리매김했다. INTJ가 독립적이면서도 깊은 내적 세계를 갖추듯, 라데팡스는 과거의 유물적 가치를 현대적으로 재해석하며 반복하는 사이클을 통해 도시에 활력을 불어넣는다.

미래 도시적 측면에서 라데팡스의 실험은 더욱 의미심장하다. 라데팡스는 계획신도시의 이상적 모델이다. 역사적 중심지를 보존하면서도 새로운 경제 중심지를 구축하려는 도시계획의 일환으로, 파리의 고풍스러운 이미지에 반하는 최첨단 건축물들이 들어섰다. 커튼월 공법의 고층빌딩이 즐비한 라데팡스는 전통적인 파리 시내와 대조를 이루며, 과거와 미래가 공존하는 독특한 경관을 만들어낸다. 227만 평 규모의 지구는 업무지구 49만 평, 주택지구 178만 평으로 구성되어 일과 주거가 균형을 이룬다. 파리 중심업무지구에서 35분, 모든 파리 기차역에서 접근 가능한 교통망은 라데팡스를 유럽 최대의 비즈니스 파크로 만들었다. INTJ가 미래를 예측하고 체계적으로 준비하듯, 라데팡스는 50년 후의 파리를 내다보며 설계되었고, 지금도 진화를 계속하고 있다.

라데팡스의 본질은 '기념비적 가치의 현대적 계승'이다. 역사는 계승하기도 어렵고 표현해내기도 쉽지 않다. 하지만 라데팡스는 자신만의 디자인 언어로 프랑스 혁명 200주년의 가치를 건설해냈다. 도시가 그 가치를 이용객에게 전달하는 일은 매우 중요하다. 전통성을 중시하는 도시와 IT로 무장한 도시는 전혀 다른 가치를 추구한다. 라데팡스는 역사적 가치, 세련된 디자인, 공간 활용의 효율을 동시에 높이는

통합적 사고를 통해 복합 문화 도시가 되었다.

INTJ형 도시 라데팡스는 장기 비전, 상징적 디자인, 논리적 구조, 역사적 성찰을 통해 계획형 도시의 전범을 제시했다. 과거의 유산을 현대적 언어로 보존하는 이 도시는, 사람 중심의 미래 도시가 역사와 단절될 필요가 없음을 증명한다. 기념비적 가치를 계승하면서도 미래를 향해 나아가는 라데팡스의 헤리티지야말로, 도시가 추구해야 할 진정한 지속가능성이다.

ENFP

스페인 바르셀로나

ENFP 창의적·열정적 촉진자.

- E 외향적
- F 감정·공감
- N 직관·미래 지향
- P 즉흥·유연

스페인 바르셀로나의 MBTI는 ENFP형에 가깝다. 외향적이면서 직관적으로 미래를 상상하고, 감정과 가치를 중시하며, 유연하고 자발적인 에너지로 끊임없이 변화하는 특성. 바르셀로나는 이 모든 ENFP의 특질을 도시 공간으로 구현해낸 창의도시의 정수다. 특히 이 도시는 고대 로마 유적과 가우디의 환상적 건축, 첨단 혁신지구가 자연스럽게 공존하며, 전통과 혁신을 동시에 품는 독특한 디자인 콘셉트를 완성했다.

ENFP형 도시의 첫 번째 특징은 외향적 에너지와 창의적 표현이다. 바르셀로나 하면 가장 먼저 떠오르는 것이 안토니 가우디의 건축물이다. 사그라다 파밀리아, 카사 밀라, 카사 바트요, 구엘 공원. 가우디는 자연에서 영감을 받아 직선이 아닌 곡선, 정형이 아닌 유기적 형태로 건축의 새로운 언어를 창조했다. 사그라다 파밀리아 성당은 1882년 착공해 140년이 넘도록 여전히 건설 중이며, 매년 수백만 명의 관광객이 방문하는 바르셀로나의 상징적 랜드마크다. 카사 밀라는 건축이 아니라 조각 작품으로 평가받으며, 전통을 거부하면서도 자연에서 영감을 얻은 혁신적 디자인의 가치를 보여준다. ENFP가 상상력과 독창성으로 세상을 놀라게 하듯, 가우디의 건축물은 도시를 살아 있는 예술 작품으로 만들었다. 그의 영향을 받은 살바도르 발레리 이 푸푸룰도 카사 코말라트를 비롯한 모더니즘 건축을 완성하며 바르셀로나만의

창의적 정체성을 강화했다.

　디자인적 측면에서 바르셀로나는 직관형 도시의 비전과 패턴 인식을 보여준다. 19세기 말 일데폰스 세르다가 설계한 에이샴플라 지역은 바둑판 모양의 격자형 구조가 특징이다. 133m 정사각형 블록이 반복되며, 모서리가 45도로 깎인 '만사나' 블록은 마치 사과처럼 생겼다고 해서 붙여진 이름이다. 이 체계적 구조는 보행자의 편의를 높이고, 도시를 쉽게 탐색할 수 있게 만든다. 하지만 바르셀로나는 단순한 격자형 계획도시에 머물지 않는다. 'ㄷ'자형 구조로 중앙에 안뜰을 배치해 채광과 환기를 최적화하고, 디아고날 대로가 직선으로 도시를 관통하며 역동성을 부여한다. ENFP가 구조와 자유, 계획과 즉흥을

조화롭게 섞듯, 바르셀로나는 세르다의 체계적 설계 위에 가우디의
환상적 건축을 얹어 독특한 도시 경관을 완성했다.

산업적 측면에서 바르셀로나는 감정형 도시의 가치 지향성을 드러
낸다. 바르셀로나는 단순히 효율을 추구하는 것이 아니라, 시민의 삶
의 질과 행복을 중심에 둔다. 대표적 사례가 슈퍼블록 프로젝트다. 여
러 개의 블록을 하나의 구역으로 묶고 차량 진입을 최소화하여 보행
자 중심의 거리를 만드는 계획이다. 슈퍼블록 내에서는 자동차보다
보행자와 자전거 이용자가 우선권을 가지며, 공원과 광장이 조성되어
주민들이 여유롭게 도심을 즐길 수 있다. 이는 도시 내 탄소 배출을
줄이고 친환경적이면서도 지속가능한 도시 모델을 구축한다. 라 람블
라 거리처럼 넓은 보행자 공간은 도시의 활력을 높이고, 시민들이 자
연스럽게 문화와 예술을 접하도록 돕는다. ENFP가 사람들과의 연결
과 공동체 가치를 중시하듯, 바르셀로나는 시민 중심의 인간적인 도
시를 만들어간다.

교육적이자 문화적 측면에서 바르셀로나는 인식형 도시의 유연성
과 개방성을 보여준다. 바르셀로나는 끊임없이 실험하고 진화한다.
22@ 바르셀로나 프로젝트는 포블레노우 지역의 낡은 공업지역을
ICT, 미디어, 에너지, 바이오테크, 디자인 등 5대 분야에 전문화된 혁
신지구로 재탄생시킨 도시재생 사업이다. 2000년부터 시작된 이 장
기 프로젝트는 200만m^2 지역을 미래형 산업 중심지로 변모시켰다.
바닷물로 냉방하고 쓰레기 소각으로 난방하는 친환경 시스템, 사물인

터넷과 스마트시티 기술을 적용한 혁신센터가 입주하며 글로벌 인재들이 모여들고 있다. 매년 열리는 모바일 월드 콩그레스는 바르셀로나가 세계적인 기술 허브임을 증명한다. 또한 스타트업 인큐베이터와 공동 작업 공간이 조성되어 창의적인 기업과 예술가들이 활동한다. ENFP가 새로운 가능성을 탐색하며 끊임없이 배우듯, 바르셀로나는 전통을 보존하면서도 혁신을 멈추지 않는다.

미래 도시적 측면에서 바르셀로나의 비전은 명확하다. 바르셀로나는 과거와 현재, 미래를 유기적으로 연결한다. 고딕 양식의 중세 건축물과 가우디의 모더니즘 건축이 공존하고, 그 위에 스마트시티와 친환경 정책이 더해진다. 1992년 바르셀로나 올림픽을 계기로 재탄생한

해안 지역은 지속가능성과 친환경 디자인을 고려한 도시재생의 대표 사례다. FC 바르셀로나는 단순한 축구 클럽이 아니라 도시의 정체성이자 문화이며, 지역 정체성을 강화하는 중요한 요소다. ENFP가 이상을 꿈꾸며 현실을 변화시키듯, 바르셀로나는 미래 도시의 모델을 제시하며 전 세계 도시들에게 영감을 준다.

바르셀로나의 본질은 '전통과 혁신의 유기적 공존'이다. 역사를 보존하면서도 혁신을 지속하는 균형 잡힌 발전, 가우디를 비롯한 예술가들의 영향을 받은 창조적 도시 디자인, 시민의 삶의 질을 중심에 둔 도시 계획. 이 세 가지 요소가 조화를 이루며 바르셀로나만의 독창적 정체성을 만들어냈다. ENFP형 창의도시 바르셀로나는 외향성, 직관, 감정, 유연성을 통해 도시가 하나의 살아 있는 예술 작품이 될 수 있음을 증명했다. 사람 중심의 미래 도시는 완벽한 계획이 아니라, 끊임없는 상상과 실험, 그리고 변화에 대한 열린 태도에서 탄생한다.

1-6

ENTJ

덴마크 코펜하겐

ENTJ 지휘관형 리더. 전략·효율·목표달성.

- Ⓔ 외향적
- Ⓝ 직관·미래 지향
- Ⓣ 논리 판단
- Ⓙ 계획적

　　1962년, 코펜하겐 시내 중심부는 교통정체와 혼잡으로 숨을 쉴 수 없었다. 그해 11월, 시 당국은 과감한 결정을 내렸다. 스트뢰에 거리를 유럽 최초의 보행자 전용 거리로 지정한 것이다. 당시 상인들은 격렬히 반대했다. 차량이 진입할 수 없으면 매출이 급감할 것이라는 우려였다. 하지만 결과는 정반대였다. 사람들이 거리로 쏟아져 나왔고, 이 거리는 현재 1.1km에 달하는 세계에서 가장 긴 보행자 쇼핑 거리로 성장했다. 이것이 코펜하겐이 도시의 얼굴을 재구성한 시작점이었다.

ENTJ형 성격의 핵심은 명확한 비전과 실행력이다. 코펜하겐은 1960년대부터 건축가 얀 겔의 '사람을 위한 도시' 철학을 60년간 일관되게 실행해왔다. 얀 겔은 도시를 단순히 건물과 도로의 집합으로 보지 않았다. 그는 '사람들이 무엇을 하는지'에 주목했다. 사람들이 앉아서 대화를 나누는 모습, 아이들이 광장에서 뛰어노는 모습, 자전거를 타고 출근하는 직장인의 모습. 이 모든 행동을 관찰하고 기록한 뒤, 도시 공간을 재설계했다. 그의 이론은 학계에서 처음엔 외면받았지만, 코펜하겐 시 당국은 이를 적극 수용했다. 도심 환경을 보행자와 자전거 친화적으로 개선하며 실험을 거듭했고, 결국 '부랑자나 사는 도시'라는 비아냥을 '세계에서 가장 걷기 좋은 도시'라는 찬사로 바꿔 놓았다. 얀 겔의 철학은 이후 뉴욕 타임스퀘어, 멜버른, 시드니 등 세계 도시 계획에 영향을 미치며 글로벌 스탠다드가 되었다.

코펜하겐의 전략적 사고는 교통 시스템 재편에서 극명하게 드러난다. 2012년, 코펜하겐은 차량 중심에서 자전거 중심 도시 체계로 대전환을 선언했다. 시내 411km에 달하는 자전거 도로를 구축하고, 2025년까지 통근과 통학에서 자전거 분담률 50% 달성을 목표로 설정했다. 단순히 자전거 도로만 만든 것이 아니다. 출퇴근 시간대 교통신호를 자전거 운전자에게 유리하게 조정하고, 자전거 전용 고속도로인 '사이클 슈퍼하이웨이'를 운영하며, 보행자와 자전거 이동 공간을 명확히 분리했다. 그 결과 현재 코펜하겐 시민의 62%가 자전거로 출퇴근한다. 주민 수보다 자전거 수가 더 많은 도시, 고위 정치인들조차 자전거로 의회에 출근하는 도시가 된 것이다. 이는 환경 보호를 넘어 산업 생산성과 시민 건강, 도시 경쟁력을 동시에 향상시키는 통합적 전략이었다.

디자인 측면에서 코펜하겐은 공공 공간을 단순한 여백이 아닌, 도시 활력의 엔진으로 재정의했다. 스트뢰에 거리의 성공 이후, 시는 보행자 중심 구역을 지속적으로 확대했다. 공원과 광장을 늘리고, 항구 지역을 시민 친수 공간으로 재생했다. 특히 엥하베파르켄 공원은 기후 변화 대응과 시민 여가를 통합한 다기능 디자인의 모범 사례다. 이 공원은 집중호우 시 빗물을 저장하는 홍수 조절 기능을 하면서도, 평상시에는 시민들이 산책하고 운동하는 생활 공간으로 활용된다. 기능과 미학, 환경과 인간을 분리하지 않는 통합 디자인 철학이 녹아 있다. 코펜하겐의 공공 디자인은 모든 결정에 명확한 목적과 장기적 비전이 반영되어 있다는 점에서 전형적인 ENTJ형 특성을 보여준다.

2009년 IPCC 회의에서 코펜하겐은 세계를 놀라게 한 선언을 했다. 2025년까지 탄소중립 도시가 되겠다는 것이었다. 당시 많은 전문가들이 불가능한 목표라고 평가했다. 하지만 코펜하겐은 'CPH 2025 기후계획'을 수립하고, 에너지 소비 절감, 재생에너지 생산, 저배출 모빌리티, 시정부 주도 이니셔티브라는 4대 축을 중심으로 체계적으로 실행했다. 바닷물을 활용한 지역난방 시스템을 구축하고, 화석연료를 100% 재생에너지로 대체하는 혁신에 착수했다. 노르하운 지역은 녹색 에너지 친화적 스마트 지구로 재개발되며 DGNB 골드 레벨 인증을 받았다. 2023년 코펜하겐은 유네스코 세계 건축 수도로 선정되었고, 2025년에는 EIU가 선정한 173개 도시 중 살기 좋은 도시 1위

(98.0점)에 올랐다. 환경적 지속가능성과 삶의 질이 상충하지 않는다는 것을 증명한 것이다.

코펜하겐의 사람 중심 도시 콘셉트는 명확하다. 첫째, 인간 행동을 관찰하고 데이터화한다. 둘째, 그 데이터를 바탕으로 공간을 전략적으로 재구성한다. 셋째, 장기적 비전을 세우고 일관되게 실행한다. 얀겔의 관찰 기반 도시계획, 자전거와 보행자를 우선하는 모빌리티 혁신, 다기능 공공 공간 디자인, 탄소중립이라는 명확한 미래 목표는 모두 사람의 행동과 필요를 중심에 두고 있다. ENTJ형 도시 코펜하겐은 강력한 리더십과 전략적 실행력으로 도시의 얼굴을 완전히 바꿔놓았다. 1960년대 교통 혼잡에 시달리던 도시가 2025년 세계에서 가장 살기 좋고 가장 지속가능한 도시가 된 것은 우연이 아니다. 60년간 흔들림 없이 '사람을 위한 도시'라는 하나의 철학을 실행한 결과다. 코펜하겐은 증명했다. 도시가 사람을 중심에 두면, 환경도 경제도 문화도 함께 번영할 수 있다는 것을.

02

문화

도시가 기억하는 방식

INFJ

강원특별자치도 강릉시

INFJ 통찰력·가치 지향. 조용한 비전가.

- Ⓘ 내향적
- Ⓝ 직관·미래 지향
- Ⓕ 감정·가치
- Ⓙ 계획적

강릉은 천 년의 시간을 기억하는 방식이 독특하다. 1967년 국가무형문화재로 지정되고 2005년 유네스코 인류무형문화유산에 등재된 강릉단오제는 단순한 축제가 아니다. 유교식 제례와 무속 굿, 관노가면극과 민속놀이가 하나의 축제 안에 공존하는 국내 유일의 종합 축제다. 대관령국사성황과 대관령국사여성황, 대관령산신을 모시며 음력 5월 5일을 전후로 펼쳐지는 이 축제는 강릉 사람들의 집단 정체성 그 자체다. INFJ형 도시의 특성처럼 강릉은 과거의 가치를 내면 깊숙이 간직하면서도, 그것을 현재의 언어로 재해석하는 능력을 지녔다. 천 년 전통을 지키면서도 매년 100만 명 이상이 찾는 글로벌 축제로 진화시킨 것이다.

강릉이 도시를 기억하는 또 다른 방식은 공간의 재발견이다. 2000년대 초반까지만 해도 안목해변은 횟집 몇 개가 고작인 조용한 어촌이었다. 그런데 2002년 테라로사가, 2007년 보헤미안이 이곳에 로스터리 카페를 열면서 판도가 바뀌었다. 강릉 토종 스페셜티 커피 브랜드들이 하나둘 자리 잡으면서, 500m 거리에 수십 개의 카페가 들어섰다. 2020년 기준 강릉·속초·동해 등 영동지역 커피전문점은 1166개에 달한다. 단순히 카페가 많은 것이 아니다. 강릉은 커피를 통해 도시의 정체성을 새롭게 썼다. 강릉문화원을 중심으로 커피 관련 교육 프로그램을 운영하고, 지역 로스터리를 육성하며, '커피 도시'라는

브랜드를 산업화했다. 조용한 해변 마을이 한국 커피 문화의 메카가 된 것은 로컬의 가치를 세계적 언어로 번역한 결과다.

강릉의 문화 정체성 실험에서 빼놓을 수 없는 것이 콘텐츠와의 결합이다. 2016년 방영된 드라마 '도깨비'는 주문진 방파제를 세계적 명소로 만들었다. 빨간 목도리를 두른 여주인공과 메밀꽃을 든 남주인공이 만나는 장면 한 컷이 강릉을 한류 관광의 중심지로 올려놓았다. 같은 해 BTS의 앨범 자켓 촬영지가 된 주문진 향호리 버스정류장은 전 세계 팬들의 성지가 되었다. 2024년 강릉시 택시 빅데이터를 분석한 결과, 외국인 관광객이 가장 많이 찾는 곳 1위는 도깨비 촬영지, 2위는 BTS 정류장이었다. 개별 관광객 중심의 한류 관광 추세가 강릉의 문화 지형을 바꾼 것이다. 이는 단순히 운이 좋았던 것이 아니다. 강릉시는 문화도시 추진위원회를 구성하고 시민 중심 거버넌스를 통해 문화 인프라를 체계적으로 구축했다. 1965년 설립된 강릉문화원은 지역문화의 정체성을 바탕으로 세대를 아우르는 문화예술 공연과 교육 프로그램을 운영하며, 글로벌 관광 거점도시로의 도약을 뒷받침했다.

디자인적 측면에서 강릉은 '보존'과 '변형' 사이의 균형을 탁월하게 유지한다. 오죽헌, 선교장 같은 전통 한옥은 원형 그대로 보존하면서도, 임당동 성당처럼 근대 건축물은 2010년 등록문화재 457호로 지정하며 새로운 가치를 부여했다. 드라마 '미스터션샤인' 촬영지로 유명해진 이 성당은 강릉의 역사적 층위가 단일하지 않음을 보여준다. 천 년 전통의 단오제와 100년 역사의 성당, 20년 된 커피거리와 최신 한류 콘텐츠가 충돌하지 않고 공존하는 것이다. INFJ형 도시의 직관적 통찰력이 발휘되는 지점이다. 강릉은 무엇을 버리고 무엇을 남길지, 무엇을 바꾸고 무엇을 지킬지를 본능적으로 안다.

미래 도시로서 강릉의 실험은 현재진행형이다. 강릉문화민회 결성, 문화도시추진위원회 구성 등 시민 활동 결집을 통한 상향식 거버넌스는 '사람을 키우는 것이 문화도시의 시작'이라는 철학을 실천하고 있다. 2019년 문화도시 시민대토론회에서 제기된 "시민역량 강화와 인재유입 등 사람에 먼저 투자해야 한다"는 주장은 강릉이 지향하는 방향을 명확히 보여준다. 강릉은 건물과 시설이 아닌 사람을 중심에 두고 도시를 설계한다. 서울과의 접근성, 산과 바다와 호수라는 자연

자원, 그리고 천 년 문화 자산이 결합된 강릉은 로컬 크리에이터들의 이주 1순위 도시가 되었다. 이들은 단순히 강릉에 사는 것이 아니라, 강릉의 이야기를 발굴하고 재해석하며 새로운 문화 콘텐츠를 생산한다.

강릉의 사람 중심 도시 콘셉트는 '기억의 층위를 존중하고, 로컬의 가치를 발견하며, 그것을 세계와 연결하는 것'이다. 천 년 전통 단오제는 유네스코 유산이 되었고, 작은 어촌 안목해변은 커피 도시의 상징이 되었으며, 평범한 해변 정류장은 세계적 아이돌의 성지가 되었다.

이 모든 변화의 중심에는 자기 정체성을 명확히 아는 시민들과, 그들의 이야기를 경청하는 도시 시스템이 있다. INFJ형 도시 강릉은 과거를 기억하되 과거에 갇히지 않고, 로컬을 사랑하되 로컬에 머물지 않으며, 세계와 소통하되 정체성을 잃지 않는다. 도시가 기억하는 방식이 곧 도시가 미래를 만드는 방식임을 강릉은 증명하고 있다. 천 년의 기억 위에 오늘의 이야기를 쌓아가는 강릉, 그곳에서 문화는 박제된 유산이 아닌 살아 숨 쉬는 실험이다.

INTP

대전광역시

INTP 탐구자형 분석가. 논리·지식 탐구.

- Ⓘ 내향적
- Ⓝ 직관·개념 중심
- Ⓣ 논리 판단
- Ⓟ 융통성

대전은 오랫동안 '노잼 도시'라는 불명예를 안고 살았다. 과학자들의 도시, 연구원들의 도시, 그래서 딱딱하고 재미없는 도시. 1973년부터 조성되기 시작한 대덕연구단지는 KAIST를 비롯해 한국전자통신연구원, 한국생명공학연구원 등 정부출연연구기관 대부분이 모인 한국 과학기술의 두뇌 집결지다. 1992년 완공 이후 이곳은 연구와 교육, 개발과 생산, 상업화를 포괄하는 과학기술 거점으로 성장했다. 1993년 대전세계박람회가 열리며 대전은 공간적으로도 과학도시의 기반을 완벽히 갖췄다. 하지만 문제는 그 다음이었다. INTP형 성격처럼 논리와 분석에는 탁월하지만, 감성적 표현에는 서툴렀던 것이다. 대전은 자신이 가진 지적 자산을 어떻게 시민의 언어로 번역해야 하는지 몰랐다.

전환점은 2011년에 찾아왔다. 대전시립미술관이 '프로젝트 대전'이라는 이름으로 시작한 실험적 프로그램이 그것이다. 이 프로그램은 정부출연연구기관의 과학자와 예술가를 직접 매칭해 2년간 협업하는 독특한 방식으로 설계됐다. 단순히 과학을 예술로 시각화하는 수준이 아니었다. 과학자의 연구 과정 자체를 예술가가 관찰하고, 예술가의 창작 방식을 과학자가 이해하며, 둘이 함께 새로운 창의적 지식을 생산하는 실험 플랫폼이었다. 2023년부터는 '아티언스 대전'으로 이름을 바꿔 art(예술)와 science(과학)의 합성어임을 더욱 명확히

했다. 2025년 행사에서는 9명의 예술가와 9명의 과학자가 협업한 창작 결과물 전시를 비롯해 DAN 체험, AI 게임 전시, LED 액자 만들기 등 시민 참여 프로그램까지 확장됐다. 과학 도시 대전을 대표하는 융복합 문화 콘텐츠로 자리 잡은 것이다.

교육적 측면에서 대전은 과학관을 단순한 전시 공간이 아닌 살아 있는 학습 생태계로 만들었다. 국립중앙과학관은 176,170m² 부지에 상설전시관, 특별전시관, 천체관, 영화관, 과학실험교실, 전시 수장고 등을 갖추고 과학기술 자료를 수집하고 연구한다. 엑스포과학공원은 1993년 대전세계박람회를 기념하기 위해 그 시설과 부지를 국민 과학교육의 장으로 활용하고 있다. 하지만 대전의 진짜 교육 철학은 일방향 전시가 아니다. 2025년 10월 AAPPAC 정기총회에서 대전예술의전당과 KAIST가 공동으로 선보인 AI 기반 피아노 연주 시스템과 시각화 기술을 활용한 실험 프로젝트는 지역 대표 예술과학 융합 콘텐츠로 평가받았다. 과학을 배우는 것이 아니라 과학으로 예술을 창조하고, 예술을 통해 과학을 이해하는 쌍방향 학습이 일어나고 있는 것이다.

산업적으로 대전은 스타트업 생태계의 중심으로 진화하고 있다. KAIST와 국가연구소, 스타트업 인프라가 집적된 대덕연구개발특구에 사람, 돈, 기업이 몰리며 글로벌 혁신 허브로서의 위상을 확고히 하고 있다. 2025년 현재 이곳은 단순한 연구단지를 넘어 기술 창업의 인큐베이터로 작동한다.

INTP형 도시의 특성인 논리적 문제 해결 능력과 독창적 사고가 창업 생태계와 결합되면서, 대전은 '아이디어를 사업으로 전환하는 속도'가 가장 빠른 도시 중 하나가 되었다. 연구실에서 나온 기술이 예술가의 감각과 만나 시민이 체험할 수 있는 콘텐츠로 빠르게 전환되는 구조가 만들어진 것이다.

디자인적 측면에서 대전은 원도심 재생을 통해 근대문화예술특구를 조성하고 있다. 근대도시의 원형과 보존가치가 뛰어난 원도심에는

옛 충남도청사와 관사촌, 대전역 인근 철도보급창고와 철도청 관사 등 근대문화유산이 산재해 있다. 2008년 대전창작센터로 새롭게 태어난 공간들은 원도심 문화예술의 거점으로서 다양한 전시를 펼치고 있다. 특히 옛 충남도지사 공관은 문화예술공간으로 리모델링되어 시민에게 개방되었고, 관사촌 일대는 문화예술촌과 역사탐방공간, 문화휴식처로 탈바꿈했다. 과학 도시 대전이 역사와 문화를 활용한 도시 재생으로 인문학적 깊이를 더하고 있는 것이다. 1960~80년대 중부권의 핵심 상권이었던 은행동과 선화동은 문화예술의 거리로 새롭게 떠올랐다. 대전 스카이로드로 대표되는 이 지역은 시민이 주도하고 만족하는 문화마을로 재탄생했다.

대전의 사람 중심 도시 콘셉트는 '논리적 사고와 창의적 감성을 융합해 시민이 직접 체험하고 참여하는 지식 생산 플랫폼'이다. 과학자와 예술가의 2년간 협업, 시민이 참여하는 LED 드로잉과 오토마타 제작 체험, AI 기술을 활용한 공연예술 실험, 근대문화유산과 현대 예술의 공존은 모두 시민을 지식 소비자가 아닌 창작 주체로 만든다. INTP형 도시 대전은 과거에는 지적 호기심만 있고 감성적 표현력이 부족했지만, 이제는 과학과 예술의 경계를 깨며 새로운 문화 정체성을 실험하고 있다. '노잼 도시'라는 꼬리표를 떼고 '융합 도시'로 도약하는 대전, 그곳에서 도시가 기억하는 방식은 차갑고 딱딱한 과학 지식이 아니라, 시민과 함께 호흡하는 살아 있는 창작 실험이다. K컬처를 넘어 K아티언스로, 대전은 세계에 과학과 예술이 만나는 새로운 도시 모델을 제시하고 있다.

ISFP

전라남도 목포시

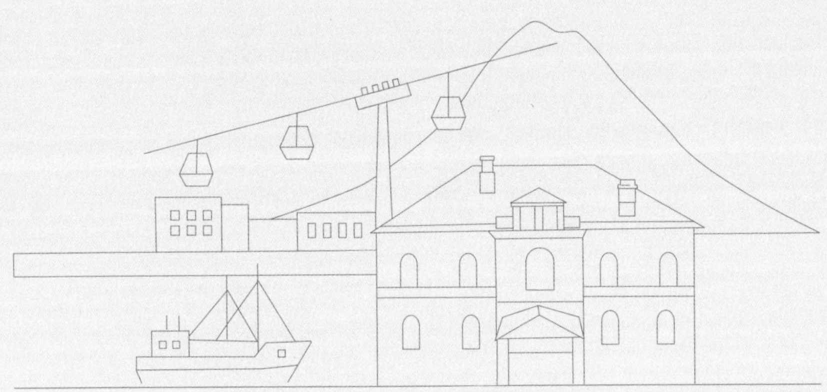

ISFP 온화한 예술가형. 감성적·조용한 실천가.

- Ⓘ 내향적
- Ⓢ 사실·경험 중심
- Ⓕ 감정·배려
- Ⓟ 즉흥·유연

1897년 10월, 목포는 한반도에서 네 번째로 자주적 개항을 선언하며 근대도시로 첫발을 내딛었다. 그로부터 127년이 흐른 지금, 유달산 아래 목포 원도심에는 그 시간이 고스란히 살아 숨 쉰다. 바둑판식 도로 구조와 일본식 가옥, 붉은 벽돌 창고, 상가주택이 원형 그대로 보존된 이곳은 '지붕 없는 박물관'으로 불린다. 2018년 국가등록문화재로 지정된 목포 근대역사문화공간은 114,038m² 면적에 602필지가 포함된다. 개별 건축물 15개소에는 일본식 가옥 4곳, 구 목포 부립병원 관사, 구 목포 일본기독교회, 상가주택 6곳, 구 동아부인상회 목포지점, 목포 해안로 붉은 벽돌창고, 구 목포 화신연쇄점이 있다. ISFP형 성격처럼 목포는 과거를 있는 그대로 감각적으로 받아들이고, 그것을 현재의 예술적 공간으로 재해석한다.

목포가 기억하는 또 다른 방식은 바다다. 목포항은 단순한 물류 거점이 아니라 사람들의 삶과 애환이 교차하는 문화적 무대였다. 고기잡이 철이 되면 수백 척의 고깃배가 들어와 바다 위에 형성되는 한시적 어시장 '파시'는 목포 해양 문화의 상징이다. 어부와 상인 간 거래가 이루어지는 이 전통 선상 어시장은 2025년 목포항구축제를 통해 재현되었다. 푼툰과 바지선을 활용해 6척의 실제 어선을 정박시키고, 관람객이 직접 참여할 수 있는 '해상 어시장 파시' 체험이 펼쳐졌다. 전통 파시 재현 공연과 수산물 직거래, 미디어아트 야간 전시까지

더해지며 낭만과 예술이 공존하는 항구의 모습을 보여줬다. 목포항구 축제는 전통해양문화의 대표적 생활상인 파시를 국내 최초로 재현했다는 점에서 높이 평가받고 있다. ISFP형 도시의 특성인 감각적 체험과 현재에 충실한 태도가 바다라는 공간에서 축제로 구현된 것이다.

교육적 측면에서 목포는 근대 건축물을 학습 공간으로 전환했다. 1900년에 일본영사관으로 세워진 목포근대역사관 1관은 목포에서 가장 오래된 근대건축물이다. 이 건물들은 단순한 전시 공간이 아니라, 과거와 현재가 대화하는 교육의 장이다. 목포문화도시센터는 청년 문화예술 진흥과 빈집 상가를 활용한 문화 공간 개발, 시민참여형 문화콘텐츠 활동 장소를 지원한다. '목마르트 거리'로 명명된 청년문화 예술창작촌은 지역 예술가들에게 안정적인 예술 활동 기회를 제공하고, 주민들은 전시, 공연, 음악회, 교육 등 다양한 문화활동에 참여한다. 빈집을 채우는 지역 문화 콘텐츠는 목포 원도심 재생의 핵심 전략이다. 목포시립예술단 6개 단체가 펼치는 다양한 문화예술공연은 시민의 일상 속에 예술을 스며들게 한다.

산업적으로 목포는 문화관광 도시로 전환 중이다. 유달산에서 근대역사관 방향으로 펼쳐진 목포 원도심 일대는 100년 전 목포의 최고 번화가였다. 1960~80년대 중부권 핵심 상권이었던 이곳은 신도시 개발과 함께 급격히 침체되었지만, 도시재생을 통해 역사 속을 걷는 도보여행 중심지로 재탄생했다. '1897 개항문화거리'는 목포가 근대도시로 성장한 중요한 지점이자 역사적 뿌리가 담긴 장소다. 옥단이길 벽화마을은 유달산 산자락 아래 레트로한 여행명소로 떠올랐다. 근대문화예술특구 지정, 옛 충남도청사와 관사촌 활용, 국립철도박물관 유치 등 역사와 문화를 활용한 도시재생 사업이 본격화되면서, 관광객들은 목포에서 시간 여행을 경험한다.

디자인적 측면에서 목포는 '보존'이 곧 '디자인'이라는 철학을 실천한다. 근대 시기에 들어선 일본식 가옥과 상가, 병원, 백화점, 은행, 동양척식 건물이 원형 그대로 보존되어 거리가 조용하고 깨끗하다. 하지만 목포는 단순히 과거를 박제하지 않는다. 옛 충남도지사 공관은 문화예술공간으로 리모델링되어 시민에게 개방되었고, 관사촌 일대는

문화예술촌과 역사탐방공간, 문화휴식처로 탈바꿈했다. 이처럼 변신한 공간들은 원도심 문화예술의 거점으로 작동한다. 목포 근대 건축물의 벽돌 한 장, 창문 하나에도 역사가 살아 숨 쉬며, 그 안에서 현대 예술이 펼쳐진다. ISFP형 도시답게 목포는 화려한 신축 건물보다 오래된 것의 감각적 가치를 이해하고 존중한다.

목포의 사람 중심 도시 콘셉트는 '시간의 층위를 감각적으로 체험하고, 바다와 땅에서 펼쳐진 삶의 흔적을 예술로 재해석하는 것'이다.

127년 전 개항의 기억은 근대 건축물로 남아 시민과 여행자가 걷는 거리가 되었고, 파시라는 해양 전통은 현대적 축제로 재현되어 바다 위에서 다시 살아났다. 빈집은 청년 예술가의 작업실이 되었고, 옛 관사는 문화예술공간으로 시민을 맞이한다. 목포는 과거를 그리워하되 과거에 머물지 않고, 현재를 살되 뿌리를 잊지 않으며, 미래를 꿈꾸되 정체성을 잃지 않는다. 유달산 아래에서 바다를 바라보며, 근대의 벽돌 건물 안에서 현대 예술을 감상하는 경험. 그것이 목포가 도시를 기억하는 방식이다. ISFP형 도시 목포, 그곳에서 문화는 거창한 담론이 아니라 골목을 걷고, 바다를 보고, 낡은 건물에 손을 대는 감각적 경험 그 자체다.

2-4

ESTJ

일본 도쿄

ESTJ 조직 관리자형. 규율·효율 중심.

- Ⓔ 외향적
- Ⓢ 현실·감각 중심
- Ⓣ 논리 판단
- Ⓙ 계획·통제

2025년 10월, 도쿄 시부야 스크램블 교차로 인근에 문을 연 무신사 팝업스토어는 24일간 8만 2천 명을 동원했다. 일주일 만에 2만 명이 찾았고, 첫날부터 긴 줄이 이어졌다. 한국 패션 브랜드 80여 개를 소개하는 이 공간은 단순한 쇼핑 장소가 아니었다. 사진 찍고, SNS에 공유하고, 순식간에 소비되는 경험의 무대였다. 같은 시기 하라주쿠에서는 농심의 신라면 팝업스토어가, 다케시타 거리에서는 K뷰티 브랜드들의 체험 공간이 일본 MZ세대를 사로잡았다. 도쿄는 팝업스토어의 성지다. 브랜드보다 체험을, 소유보다 공유를, 지속보다 순간을 중시하는 MZ세대에게 도쿄는 완벽한 인스턴트 문화 제공자다. ESTJ형 성격처럼 도쿄는 명확한 시스템과 효율성으로 이 흐름을 조직화하고 실행한다.

도쿄가 도시를 기억하는 방식은 '교체'다. 시부야와 하라주쿠는 일본 패션 트렌드의 중심지이자 서브컬처가 번성하는 곳으로, '카와이' 문화의 발신지다. 하라주쿠 다케시타 거리는 친구들의 쇼핑과 커플 데이트 장소로 인기가 높으며, 수학여행객과 외국인 관광객까지 몰려든다. 이곳의 특징은 빠른 회전율이다. 3개월 단위로 상점이 바뀌고, 6개월이면 거리 분위기가 달라진다. 2009년 나이키가 도쿄 최초 플래그십 스토어를 하라주쿠에 오픈한 이후, 글로벌 브랜드들은 이곳을 테스트베드로 활용한다. 신제품 출시, 한정판 판매, 콜라보레이션

발표가 모두 이곳에서 먼저 이루어진다. 도쿄는 과거를 보존하는 도시가 아니라, 현재를 끊임없이 갱신하는 도시다. ESTJ형 특성인 실용성과 현실 중심 사고가 도시 운영 철학으로 구현된 것이다.

교육적 측면에서 도쿄는 '보고 배우는' 시스템을 완벽히 구축했다. 도쿄 미드타운 같은 복합 문화 공간은 상업과 문화를 결합한 교육 플랫폼이다. 2008년 롯폰기를 벗어나도 도쿄 시내 곳곳에서 다양한 디자인

포장을 만날 수 있으며, 주말이면 젊은이들로 넘쳐난다. 도쿄 미드타운 디자인 터치는 상업 공간을 문화 공간으로 전환한 대표 사례다. 컴퓨터 시뮬레이션으로 찰나의 시간을 표현한 설치 작품, 바람을 모티브로 디자인한 공공 예술은 시민들에게 자연스럽게 디자인 교육을 제공한다. 도쿄의 교육은 학교나 미술관에만 국한되지 않는다. 거리를 걷고, 상점에 들어가고, 팝업을 체험하는 모든 과정이 트렌드 교육이다. K뷰티 브랜드 팝업에서 제품을 직접 사용하고 그 경험을 SNS에 공유하는 행위 자체가 일본 MZ세대의 학습 방식이다.

산업적으로 도쿄는 팝업 경제의 메카다. 2025년 한 해에만 수백 개의 K패션, K뷰티, K푸드 팝업스토어가 도쿄에서 열렸다. 일본 시장 진출을 꿈꾸는 한국 브랜드들은 '도쿄행 티켓'을 사는 것이 필수 코스가 되었다. 왜 도쿄일까. 첫째, 시부야와 하라주쿠라는 핵심 상권이 Z세대 방문율이 높다. 둘째, 일본 MZ세대의 소비 패턴이 '실제 체험과 SNS 공유 가능성'에 집중되어 있다. 셋째, 도쿄의 행정 시스템이 팝업스토어 운영에 최적화되어 있다. 건물 임대 계약, 영업 허가, 세무 처리가 표준화되어 있고, 3개월 단위 단기 임대가 일반화되었다. ESTJ형 도시답게 도쿄는 빠르게 변하는 트렌드를 체계적으로 관리하고 수익화하는 시스템을 갖췄다. 무신사 팝업이 24일간 8만 명을 동원할 수 있었던 것은 단순히 한국 패션의 인기 때문이 아니라, 도쿄라는 도시가 이런 이벤트를 효율적으로 작동시키는 인프라를 가졌기 때문이다.

　디자인적 측면에서 도쿄는 공공디자인과 상업디자인의 경계를 허문다. 시부야 스크램블 교차로를 가득 채운 5개의 사이니지 광고는 공공 공간을 거대한 미디어 캔버스로 만든다. 시부야구 도서관처럼 공공 건축도 개성을 더하는 디자인 실험장이다. 건축가 반 시게루가 설계한 투명 유리 공중 화장실은 외부에서도 내부가 보이는 혁신적 디자인으로 화제를 모았다. 마루노우치 3-1 프로젝트는 오테마치·마루노우치·유락초 지역 도시개발 가이드라인에 따라 역사성을 계승하면서도 예술·문화 중심지로 재탄생했다. 도쿄의 디자인 철학은 명확하다. 기능이 먼저고, 미학은 기능을 따른다. 하지만 그 기능이 워낙 완벽해서 결과적으로 아름답다. 애리어 매니지먼트와 같이 참여와 주체성을 바탕으로 한 협력적 디자인 접근 방식은 공공공간을 더욱 포용적이고 쾌적하게 만든다.

　미래 도시로서 도쿄는 스마트시티보다 '효율 도시'를 지향한다. IoT 센서 기반 실시간 교통 모니터링, AI 분석을 통한 사고 예방, 지능형 교통 신호 제어는 도쿄 교통 시스템의 기본이다. 도시 전역에서 수집된 교통 정보를 분석해 이상 상황을 감지하고 우회 도로를 안내한다. 하지만 도쿄의 진짜 스마트함은 기술이 아니라 시스템 설계에 있다. 모든 것이 표준화되고, 매뉴얼화되어 있으며, 예외 상황에 대한 대응 절차가 명확하다. ESTJ형 도시의 정점이다.

　도쿄의 사람 중심 도시 콘셉트는 '빠르게 소비되는 경험을 효율적으로 제공하고, 그 경험을 즉각 순환시키는 것'이다. 팝업스토어는 3

개월 만에 사라지지만, 그 자리에 새로운 팝업이 들어선다. 트렌드는 6개월마다 바뀌지만, 그 변화를 받아들일 시스템은 이미 작동 중이다. SNS에 공유된 순간은 24시간 안에 소비되지만, 다음 순간을 생산할 공간은 이미 준비되어 있다. ESTJ형 도시 도쿄는 감성보다 효율을, 보존보다 갱신을, 과거보다 현재를 선택한다. 그렇게 도쿄는 세계 MZ세대가 가장 경험하고 싶어 하는 인스턴트 문화의 수도가 되었다. 도시가 기억하는 방식이 곧 도시가 소비되는 방식임을, 도쿄는 매일 증명한다.

INTJ

독일 베를린

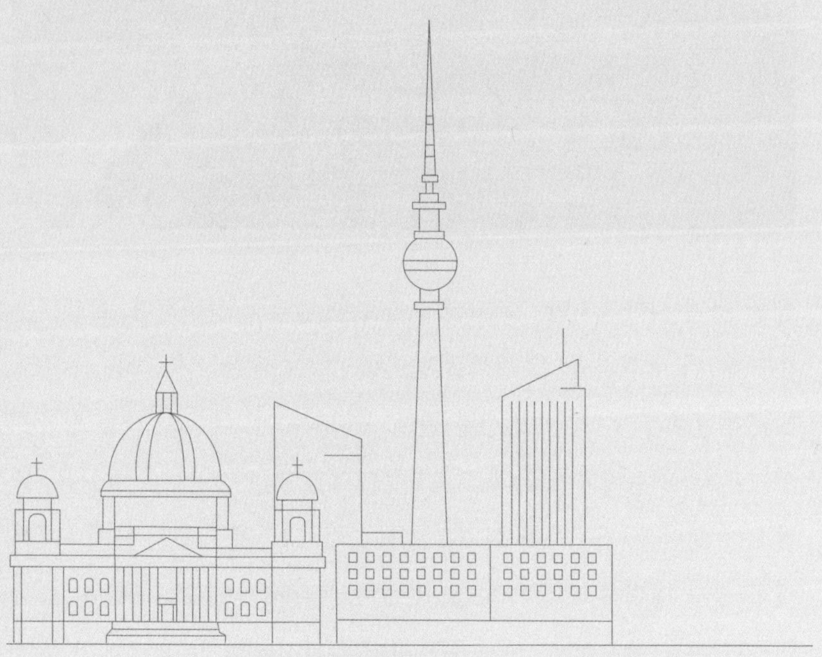

INTJ 전략가형. 구조화된 사고와 장기 계획.

- Ⓘ 내향적
- Ⓝ 직관·미래 지향
- Ⓣ 논리 판단
- Ⓙ 계획적

　1961년 8월 13일, 베를린 한가운데 155km의 콘크리트 장벽이 세워졌다. 하루아침에 가족이 갈라졌고, 연인이 헤어졌으며, 도시가 동과 서로 단절되었다. 1989년 11월 9일, 그 장벽이 무너졌다. 28년간의 분단이 끝났지만, 베를린은 장벽을 완전히 허물지 않았다. 1.3km 구간을 보존하고, 베르나우어슈트라세에 기념관을 세우고, 장벽이 있던 자리에 이중 선을 새겼다. 베를린은 수치스러운 역사를 감추지 않는다. 오히려 도시 전체를 '기억문화박물관'으로 만들었다. INTJ형 성격처럼 베를린은 과거를 냉철하게 분석하고, 그것을 미래 전략의 토대로 삼는다. 감정에 휘둘리지 않고, 논리적으로 기억하며, 체계적으로 기록한다.

　베를린이 단절을 기억하는 방식은 '거리 두고 바라보기'다. 나치 과거사와 냉전 반세기의 역사는 도시 곳곳에 기념물로 남아 있다. 1998년 만들어진 베를린 장벽 기념관은 화해의 예배당, 베를린 장벽 문서 센터, 이전 장벽의 60m 구역, 추모의 창, 방문자 센터로 구성된다. 단순히 과거를 전시하는 것이 아니라, 분단이 개인의 삶에 어떤 영향을 미쳤는지를 교육한다. 베를린은 역사를 미화하거나 왜곡하지 않는다. 1989년 장벽 붕괴 이후 남겨진 1.3km 길이의 장벽에는 전 세계 예술가들이 그린 벽화가 있다. 이스트 사이드 갤러리로 불리는 이곳은 자유를 향한 열망을 예술로 승화시킨 공간이다. INTJ형 도시답게 베를린은

감상적 회고가 아닌, 분석적 기록과 전략적 활용을 선택했다.

교육적 측면에서 베를린은 기억문화를 도시 교육의 핵심으로 삼는다. 독일 전역에 퍼진 기억 문화 교육 프로그램은 베를린에서 가장 체계적으로 운영된다. 학생들은 장벽 기념관을 방문하고, 탈출 시도로 목숨을 잃은 사람들의 이야기를 듣고, 분단 시대 일상을 경험하는 교육을 받는다. 이는 단순한 역사 수업이 아니다. 자유의 가치, 민주주의의 중요성, 인권의 의미를 몸으로 배우는 과정이다. 베를린이 역사를 기억하는 법을 다룬 책들이 베스트셀러가 되는 이유는, 이 도시의 기억 방식이 단순한 과거 회상이 아니라 미래를 위한 교육 전략이기 때문이다. 20년 넘게 베를린에 살며 이 도시를 관찰한 사람들은 베를린을 '기억문화의 세계 수도'로 칭송한다.

산업적으로 베를린은 단절 이후 통합의 실험실이 되었다. 서베를린 측의 크로이츠베르크와 동베를린 측의 프리드리히샤인이 합병하여 탄생한 프리드리히샤인-크로이츠베르크는 베를린 스타트업 생태계의 중심이다. 2024년 기준 베를린에는 5052개의 스타트업, 1052개의 투자자, 80개의 액셀러레이터, 485개의 기업이 있다. 2022년 약 49억 유로가 베를린 스타트업에 투자금으로 유입되었다. 특히 핀테크, 클린테크, 모빌리티 분야에서 유럽을 선도하는 허브로 성장했다. 베를린 창업 생태계의 특징은 실패를 배움의 과정으로 여기는 문화와 풍부한 초기 자금 지원 프로그램이다. 창업자의 21.2%가 외국인이거나 이주민이다. 가난하지만 섹시하고 스타트업 하기 좋은 도시, 베를린은 단절의 상처를 창업 에너지로 전환했다. INTJ형 전략적 사고의 결과다.

디자인적 측면에서 베를린은 '미완성의 미학'을 추구한다. 크로이츠베르크의 길거리 패션부터 오트쿠튀르까지 망라한 패션 편집숍, 인스타그램 성지가 된 카페, 물담배 바는 모두 기존 건물을 창조적으로 재활용한 결과다. RAW-Gelande로 불리는 프리드리히샤인 지역은 젊고 활기찬 분위기를 가진 곳으로, 현대적이고 다양한 벽화가 많다.

기존 건물과 땅에 큰 영향을 끼치지 않은 채 창조적 방식으로 활용하고, 동시에 수익 창출 효과를 누린다. 베를린의 공공디자인은 화려하지 않다. 바우하우스 전통처럼 기능이 형태를 결정한다. 절제의 미학이 도시 곳곳에 스며있다. 19세기 후반 형식주의적 전통은 나치 시대를 거치며 공공건축이 국민 계몽과 군사조직의 도구로 활용되는 어두운 역사를 남겼지만, 현재 베를린은 그 반성 위에서 주민참여형 도시개발을 실험한다. 애리어 매니지먼트처럼 참여와 주체성을 바탕으로 한 협력적 디자인이 새로운 베를린을 만들고 있다.

미래 도시로서 베를린은 '영원히 건설 중인 도시'를 지향한다. 템

펠호프 공항은 나치 시대 건축 양식으로 지어진 어두운 역사를 가졌지만, 현재는 시민 공원으로 재탄생했다. 달렘 빌라, 아마존 타워, MM:NT 베를린 랩 호텔 같은 새로운 공간들은 클래식과 일렉트로닉, 신고전과 바우하우스, 다양한 인종과 사상이 교차하는 도시의 정체성을 보여준다. 프리드리히샤인-크로이츠베르크 지역은 히트펌프를 갖춘 태양광 시스템으로 재생 에너지 사용이 점점 중요해지는 환경 친화적 도시로 변모하고 있다. 베를린의 미래 전략은 명확하다. 과거를 지우지 않으면서 새로운 것을 쌓아 가는 것이다.

베를린의 사람 중심 도시 콘셉트는 '단절을 직시하고, 그 경험을 학습하며, 다시는 반복하지 않기 위한 시스템을 구축하는 것'이다. 장벽은 보존되어 교육 자료가 되었고, 분단 지역은 창업 허브로 재탄생했으며, 역사의 상처는 예술로 승화되었다. INTJ형 도시 베를린은 감정보다 논리를, 망각보다 기억을, 회피보다 직면을 선택한다. 그렇게 베를린은 세계에서 가장 솔직하게 과거를 기억하는 도시가 되었다. 도시가 단절을 기억하는 방식이 곧 도시가 통합을 실현하는 방식임을, 베를린은 매일 증명한다. 장벽 위에 핀 벽화처럼, 베를린은 상처 위에 미래를 그린다.

ENFP

미국 뉴올리언스

ENFP 창의적·열정적 촉진자.

(E) 외향적   (N) 직관·미래 지향

(F) 감정·공감   (P) 즉흥·유연

프렌치 쿼터의 밤은 재즈로 시작된다. 버번 스트리트와 프렌치맨 스트리트 곳곳에서 즉흥 연주가 터져 나오고, 철제 발코니에 모인 사람들은 구슬을 던지며 춤을 춘다. 거리 한편에서는 화가들이 즉석 초상화를 그리고, 브라스 밴드가 열광적인 퍼포먼스를 펼친다. 아프리카, 스페인, 프랑스, 카리브의 문화가 뒤섞인 이곳은 미국에서 가장 자유로운 도시다. 하지만 2005년 8월 29일, 허리케인 카트리나가 뉴올리언스를 덮쳤다. 도시의 80%가 물에 잠겼고, 1800여 명이 목숨을 잃었으며, 150만 명의 이재민이 발생했다. 수중도시가 된 뉴올리언스는 죽은 것처럼 보였다. 하지만 ENFP형 성격처럼 이 도시는 좌절하지 않았다. 오히려 재난을 정체성 회복의 계기로 삼았다.

뉴올리언스가 재난을 기억하는 방식은 '축제로 승화하기'다. 카트리나 10년 후인 2015년, 도시는 재건에 박차를 가해 이전의 80% 수준까지 복원되었다. 연방정부가 1500억 달러를 투입했고, 2009년부터 본격화된 재건 사업으로 도로와 교량, 학교와 병원 신축에 710억 달러가 쏟아졌다. 하지만 숫자만으로는 뉴올리언스의 회복을 설명할 수 없다. 진짜 회복은 마디그라 축제가 다시 열렸을 때 일어났다. 프랑스어로 '기름진 화요일'을 의미하는 마디그라는 사순절 직전 4일간 열리는 광란의 축제다. 화려한 수레와 마칭 밴드가 루이지애나 거리를 가로지르고, 각양각색 분장을 한 시민들이 퍼레이드를 펼친다. 카트리나 이후에도 이 축제는 중단되지 않았다. 오히려 더 열렬해졌다. 재난 속에서도 축제를 멈추지 않는 것, 그것이 뉴올리언스가 스스로를 기억하는 방식이다.

교육적 측면에서 뉴올리언스는 재난을 배움의 계기로 삼았다. 카트리나가 입증한 것은 인공구조물만으로 도시를 보호하기는 불가능하다는 사실이었다. 뉴올리언스는 자연을 복원해 홍수 및 해일 방지에 나서기로 했다. 동쪽 멕시코만 바다, 북쪽 폰차트레인 호수, 남쪽 미시시피 강이 만나는 삼거리에 위치한 지리적 특성을 역으로 활용하는 전략이다. 기후변화 적응이 도시 미래를 결정한다는 교훈을 얻은 것이다. 브래드 피트가 주도한 '메이크 잇 라이트' 프로젝트는 환경 친화적이며 경제성과 지속가능성을 갖춘 주택 150채를 지어 이재민에게 공급했다. 이는 단순한 복구가 아니라, 재난을 통해 더 나은 도시를 만드는 실험이었다. 뉴올리언스의 역사적 건축물은 여전히 가장 높은 곳에 보존되어 있고, 도시의 낮은 부분은 새로운 방식으로 재건되었다.

산업적으로 뉴올리언스는 관광과 음악, 음식 산업을 재정체화했다. 프렌치 쿼터는 뉴올리언스에서 가장 오래된 지역이며 독특한 문화와 역사가 남아 있는 곳으로, 잭슨 광장을 중심으로 펼쳐진다. 프렌치맨 스트리트는 공식 프렌치 쿼터 바로 바깥에 있으며, 진짜 재즈를 듣고 싶다면 이곳으로 가야 한다. 버번 스트리트에는 컨트리 락이 우세하지만, 프렌치맨 스트리트에는 살아 있는 재즈의 영혼이 있다. 라이브

재즈 클럽은 현지 최고 뮤지션들이 즉흥 연주를 펼치는 무대이자, 관광객들이 반드시 찾는 명소다. 케이준과 크리올 음식 역시 뉴올리언스 정체성의 핵심이다. 두몬드 카페의 비녜와 카페오레는 이 도시를 대표하는 맛이다. 카트리나 이후 복구 과정에서 일부 흑인과 빈민가는 재건의 혜택을 받지 못했지만, 문화와 예술 산업은 오히려 더 강해졌다. ENFP형 도시답게 뉴올리언스는 위기를 새로운 가능성으로 전환했다.

디자인적 측면에서 뉴올리언스는 '혼종의 미학'을 추구한다. 프랑스 식민지 시대 건축물과 스페인풍 발코니, 아프리카계 미국인의 샷건 하우스가 공존한다. 거리 예술가들이 그림을 세워놓고 즉석에서 초상화를 그리고, 그래피티와 벽화가 도시 곳곳을 장식한다. 카트리나 이후 재건 과정에서 브래드 피트의 '메이크 잇 라이트' 프로젝트는 세계적 건축가들을 초청해 지속가능한 주거 디자인을 실험했다. 이는 재난을 건축 혁신의 기회로 삼은 사례다. 뉴올리언스의 공공디자인은 계획되지 않은 듯 자연스럽게 쌓여온 층위들이 만든 결과물이다.

프랑스, 스페인, 아프리카, 카리브 문화가 뒤섞여 만들어낸 독특한 정체성은 어디에서도 복제할 수 없다.

　미래 도시로서 뉴올리언스는 '리질리언스'를 핵심 전략으로 삼는다. 기후변화로 인한 자연재해의 빈도와 강도가 증가함에 따라, 뉴올리언스는 도시계획과 설계에서 회복탄력성을 최우선에 둔다. 자연을 복원해 홍수를 방지하고, 지속가능한 건축으로 재난에 대비하며, 공동체의 연대로 위기를 극복한다. 카트리나 20년이 지난 지금, 뉴올리언스는 여전히 재건 중이다. 하지만 그것은 패배가 아니다. 영원히 건설 중인 도시, 끊임없이 자신을 재발견하는 도시가 뉴올리언스의 정체성이다. ENFP형 도시는 완성을 목표로 하지 않는다. 과정 자체를 즐기고, 변화를 두려워하지 않으며, 매 순간 새로운 가능성을 탐색한다.

　뉴올리언스의 사람 중심 도시 콘셉트는 '재난 속에서도 축제를 멈추지 않고, 상처를 예술로 승화하며, 공동체의 연대로 정체성을 복원하는 것'이다. 프렌치 쿼터의 재즈는 물에 잠긴 적이 있지만 다시 울려 퍼진다. 마디그라의 퍼레이드는 멈춘 적이 있지만 더 화려하게 돌아왔다. 허리케인이 파괴한 것은 건물이었지만, 뉴올리언스 사람들이 지킨 것은 문화였다. ENFP형 도시 뉴올리언스는 비극을 희극으로, 재난을 축제로, 상실을 재발견으로 바꾼다. 도시가 재난을 기억하는 방식이 곧 도시가 자신을 사랑하는 방식임을, 뉴올리언스는 재즈 선율에 실어 노래한다. 폐허 위에서 춤추는 도시, 그곳이 뉴올리언스다.

03

ESG

지속가능성을 설계한 도시

ISFJ

경상북도 예천군

ISFJ 헌신적·보호자형. 섬세하고 책임감 강함.

- Ⓘ 내향적
- Ⓢ 사실·현실 중심
- Ⓕ 감정·가치
- Ⓙ 계획적

경북 예천군을 들여다보면 MBTI의 ISFJ 유형이 떠오른다. 헌신적이고 실용적이며, 작은 것도 놓치지 않는 세심함을 지닌 성격. 예천은 곤충이라는 작은 생명체에 미래 식량의 희망을 걸고, 지속가능한 도시 생태계를 섬세하게 설계해 왔다. 200억 원 규모의 곤충양잠 거점단지부터 탄소중립 선도도시 구축까지, 이 도시는 ESG 경영의 지방 버전을 실천하며 사람과 환경이 공존하는 새로운 모델을 제시하고 있다.

예천군의 곤충산업은 단순한 경제 프로젝트가 아니다. 2007년부터 곤충엑스포를 운영하며 생태교육의 선구자 역할을 해온 예천은, 2016년 세계곤충엑스포 개최를 통해 곤충을 미래 자원으로 인식하는 교육적 전환을 이끌었다. 예천곤충생태원은 장수풍뎅이와 사슴벌레 체험관을 운영하며 아이들에게 생명의 소중함과 생태계 순환을 가르친다. 2025년 예천곤충페스티벌은 교육과 체험, 휴식을 결합해 곤충을 혐오가 아닌 친근함의 대상으로 재정의한다. ISFJ가 전통을 존중하고 다음 세대를 위해 헌신하듯, 예천은 곤충 교육을 통해 지속가능한 미래를 다음 세대에 물려주려 한다.

산업적 측면에서 예천의 전략은 더욱 구체적이다. 국비 100억 원, 지방비 100억 원을 투입해 지보면 매창리 일원에 조성한 곤충양잠

거점단지는 스마트 대량 생산시설인 임대형 곤충 사육 팩토리를 핵심으로 한다. 곤충원료 생산부터 가공, 유통까지 집적화한 이 단지는 코리아노바, 인정에프엔비, 알프스 등 기업과 협약을 맺고 곤충 기반 대체식품과 소재를 공동 개발한다. 2022년 기준 국내 곤충 시장규모는 449억 원, 전국 곤충 사육 농가는 약 2,900호에 달한다. 예천은 디지털 농업 혁신 타운 사업을 통해 임대형 수직농장과 스마트팜을 결합하며, 국내외 기업 네트워크를 활용해 농특산물 유통망을 확대한다. ISFJ의 실용성처럼, 예천은 곤충산업을 단순한 실험이 아닌 지역 경제를 떠받칠 실질적 산업으로 키워가고 있다.

디자인적 측면에서 예천의 곤충산업은 자원순환의 아름다움을 보여준다. 유엔 식량농업기구(FAO)가 2013년 식용 곤충을 미래 식량 자원으로 지목한 이유는 명확하다. 곤충은 단백질과 기능성이 풍부하고, 생산과정이 친환경적이다. 무엇보다 식품 부산물과 농산 부산물을 먹이로 활용할 수 있어 자원 순환형 산업의 전형이다. 예천은 E-순환거버넌스와 ESG 자원순환 모델을 도입해 폐가전 회수·재활용부터 사회공헌까지 연계하는 순환 경제를 실현한다. 2022년 예산의 83.4%를 환경 보호에 투자한 예천은, 2024년에만 환경정책 분야에 273억 원을 투입했다. ISFJ가 세심하게 공간을 관리하듯, 예천은 쓰레기 하나, 부산물 하나도 낭비하지 않는 순환 디자인을 도시 전체에 적용하고 있다.

미래 도시적 측면에서 예천의 비전은 탄소중립이다. 2050 탄소중립 목표를 수립한 예천은 탄소중립 선도도시 건설을 추진하며, 2020년 대한민국 에너지효율·친환경 대상에서 산업통상자원부장관 기관표창을 받았다. 곤충산업은 이 비전의 핵심이다. 온실가스 배출이 적고, 물과 토지 사용량이 적으며, 사료 전환율이 높은 곤충은 기후 위기 시대의 대안 식량이다. 예천은 곤충을 키우며 동시에 탄소를 줄이고, 지역 일자리를 창출하며, 교육 인프라를 확충한다. ISFJ가 공동체를 위해 헌신하듯, 예천은 작은 곤충 하나로 환경과 경제, 교육을 아우르는 통합 솔루션을 제시한다.

예천군이 정의하는 사람 중심 도시는 결국 생명 존중의 도시다. 가장 작은 생명체인 곤충을 미래 자원으로 인식하고, 그것을 키우고 교육하며 순환시키는 과정에서 사람이 자연의 일부임을 깨닫게 한다. 예천의 ESG는 환경(Environment)을 곤충산업과 탄소중립으로, 사회(Social)를 교육과 일자리 창출로, 지배구조(Governance)를 E-순환거버넌스로 구현한다. ISFJ형 도시 예천은 화려한 슬로건 대신 묵묵히 실천하며, 작은 것을 소중히 여기는 태도로 지속가능성을 설계한다. 곤충 한 마리가 지구를 구할 수 있다는 믿음, 그것이 예천이 보여주는 미래 도시의 조용하지만 강력한 메시지다.

INTJ

세종특별자치시

INTJ 전략가형. 구조화된 사고와 장기 계획.

- Ⓘ 내향적
- Ⓝ 직관·미래 지향
- Ⓣ 논리 판단
- Ⓙ 계획적

INTJ는 MBTI 유형 중 가장 전략적이고 계획적인 성격으로 알려져 있다. 미래를 설계하고, 시스템을 구축하며, 완벽을 추구하는 이 성향은 세종특별시의 탄생과 성장 과정과 놀라울 만큼 닮아 있다. 2012년 7월 1일 출범한 세종시는 대한민국 최초의 계획도시이자, 지속가능성을 도시 DNA에 새겨 넣은 ESG 실험실이다. 행정수도라는 명확한 목표 아래 설계된 이 도시는, 단순히 건물을 짓는 것이 아니라 미래 세대를 위한 지속가능한 생태계를 구축하고 있다. 세종시는 2년 연속 지속가능도시 1위로 평가받으며, 계획된 이상이 현실이 될 수 있음을 증명하고 있다.

세종시의 교육 시스템은 INTJ의 장기적 비전을 그대로 보여준다. 2025년 10월, 세종시는 교육발전특구 선도지역으로 승격되며 35억 원의 특별교부금을 확보했다. 온마을이 함께하는 늘봄체제 구축, 미래교육 대비 모델학교 운영, 지역정주형 인재양성 생태계 조성이라는 9대 중점과제는 교육을 단순한 지식 전달이 아닌 지역 발전의 선순환 구조로 재정의한다. 특히 주목할 점은 돌봄부터 교육, 취업, 정주까지 연결되는 통합 시스템이다. INTJ가 모든 요소를 하나의 마스터플랜으로 통합하듯, 세종시는 교육을 지역 소멸 극복과 지속가능성의 핵심 전략으로 배치했다. 지속가능발전교육(ESD) 활성화와 환경교육센터 운영은 다음 세대에게 ESG를 체화시키는 장기 프로젝트다.

　산업적 측면에서 세종시는 4차 산업혁명의 테스트베드로 기능한다. 2021년 한 해 동안 26개 우량기업으로부터 3793억 원의 투자를 유치하고 1676명의 신규 고용을 창출한 세종시는, 스마트시티 국가 시범도시 5-1 생활권에 1조 4876억 원을 투입해 7대 혁신 서비스를 구현하고 있다. 모빌리티, 헬스케어, 에너지, 교육, 일자리, 거버넌스, 문화를 아우르는 이 서비스는 AI와 ICT 기술을 도시 인프라와 결합한다. 국가산업단지에는 AI, ICT, 바이오 산업이 집적되며, 세종테크

노파크는 초연결·초융합·초지능화 사회로의 전환을 선도한다. INTJ
가 데이터 기반으로 최적해를 찾듯, 세종시는 모든 도시 현상을 데이
터화하고 인공지능으로 분석해 효율적인 도시 운영을 실험한다.

　디자인적 측면에서 세종시의 공간 구조는 완벽한 논리로 구성되
어 있다. 도시 중심부를 비워 중앙녹지공간으로 만들고, 그 주변을 환
상형(環狀型)으로 감싸는 BRT 시스템은 대중교통 중심 도시의 모범
이다. 6개 생활권은 주거, 상업, 교육, 공공시설이 조화를 이루며, 각
생활권 내에서 20분 이내에 모든 일상 활동이 가능하도록 설계되었
다. 불가피하게 생활권을 벗어나더라도 BRT를 타면 20분 내 도착할
수 있다. 2030년까지 대중교통분담률 70% 달성을 목표로 하는 세종
시는, 널찍한 보도와 자전거도로를 BRT 양옆에 배치해 걷고 자전거
타는 건강한 도시를 구현한다. 52개 공원, 90개 녹지, 176개 공공공
지는 단순한 휴식공간이 아니라 도시 생태계를 순환시키는 폐이다.
INTJ의 효율성 추구처럼, 세종시는 낭비 없는 동선과 최적화된 공간
배치로 에너지 소비를 최소화한다.

　미래 도시적 측면에서 세종시의 목표는 명확하다. 2050 탄소중립
이다. 세종시는 탄소중립 녹색성장 기본계획을 수립하고, 탄소중립도
시 건설과 운영, 교육을 통합한다. 기후변화 대응, 친환경 에너지 특
화도시 조성, 제로에너지 공공건축물 확대는 구체적인 실행 계획이
다. 2023년 광역자치단체 ESG 평가에서 2년 연속 우수 등급을 받은
세종시는 폐기물 발생, 물사용량, 도시공원면적, 녹지환경 분야에서

만점을 기록했다. 2022년 예산의 대부분을 환경 보호에 투자한 세종시는, ESG를 행정의 선택이 아닌 필수로 정의한다. E-순환거버넌스를 통해 시민 참여형 탄소중립을 실천하며, 스마트시티 기술로 에너지 효율을 실시간 모니터링한다.

세종시가 정의하는 사람 중심 도시는 결국 계획된 지속가능성이다. INTJ가 미래를 예측하고 시스템을 설계하듯, 세종시는 행정도시라는 청사진 위에 환경, 사회, 거버넌스를 정교하게 배치했다. 교육을 통해 인재를 양성하고, 산업을 통해 일자리를 창출하며, 디자인을 통해 효율을 극대화하고, 탄소중립을 통해 미래를 보장한다. 세종시는 실험실이다. 계획도시가 자연발생 도시보다 지속가능할 수 있는지, ESG가 행정의 언어로 작동할 수 있는지, 인간과 환경이 공존하는 도시가 가능한지를 시험한다. INTJ형 도시 세종은 완벽을 향해 나아가는 대한민국의 가장 야심찬 프로젝트이며, 그 결과는 이미 숫자로 증명되고 있다.

ISFP

서울특별시 은평뉴타운

ISFP 온화한 예술가형. 감성적·조용한 실천가

- Ⓘ 내향적
- Ⓢ 사실·경험 중심
- Ⓕ 감정·배려
- Ⓟ 즉흥·유연

ISFP는 예술가형 성격으로 불린다. 섬세하고 감각적이며, 현재를 살아가되 조화와 균형을 중시하는 이 성향은 서울 은평뉴타운의 정체성과 닮아 있다. 2003년 서울 최초로 소셜 믹스를 도입한 은평뉴타운은 분양과 임대, 빈부와 계층, 자연과 도시를 하나의 캔버스에 담아냈다. 16,180호의 주택에 45,307명이 거주하는 이 도시는, 단순한 재개발이 아니라 환경과 삶을 잇는 공공주거의 실험이다. 전체 면적의 29.7%, 진관 근린공원을 포함하면 46%에 달하는 공원과 녹지는 세계 어느 도시보다 높은 수준이다. ISFP가 아름다움과 조화를 추구하듯, 은평뉴타운은 지속가능성을 도시 설계의 언어로 번역하며 ESG 시대의 공공주거 모델을 제시한다.

교육적 측면에서 은평뉴타운은 주민 참여와 학습을 도시 운영의 핵심으로 삼는다. 은평구는 서울형혁신교육지구로 지정되어 지역단체와 연계한 교육 생태계를 구축하고 있다. 행복학습센터는 주민자치회와 협력해 마을의제 사업을 발굴하고, 주민 스스로 지역문제를 해결하는 거버넌스를 실천한다. 도시재생대학 프로그램은 주민을 준전문가로 양성하고, 이들이 자연스럽게 협동조합을 준비하도록 지원한다. 은평공리사회적협동조합과 같은 주민주도형 정보플랫폼은 집단지성과 로컬정보를 연결하며 지역 사회적 관계망을 강화한다. ISFP가 경험을 통해 배우고 실천하듯, 은평뉴타운은 주민 학습과 참여를 통해

지속가능한 공동체를 키운다. 은평지역문화발전 5개년 계획(2019-2023)은 문화예술 협동조합과 지역 사회적 협력 사업을 검토하며, 문화를 단순한 소비가 아닌 주민 참여의 플랫폼으로 재정의한다.

산업적 측면에서 은평뉴타운의 혁신은 공공주거의 재발견이다. 2003년 도입된 소셜 믹스는 분양과 임대 주택을 같은 단지 내에 배치해 사회적·경제적 배경이 다른 주민들이 어울려 살 수 있도록 한 획기적 시도였다. 30년 국민임대주택부터 10년 공공지원 민간임대주택까지, 은평뉴타운은 다양한 임대 모델을 실험하며 주거 양극화 해소에 기여한다. 청년주택 은뜨락은 SH공사 부지를 30년 장기 임차해 전세값 상승과 월세 전환 가속화로 고통받는 청년들에게 안정적 주거를 제공한다. 2022년 분양된 디에트르 더 퍼스트는 주변 시세의 85-95% 수준으로 보증금을 책정하고, 법적 한도 내 임대료 상승 폭을 제한하며, 거주 중 취득세와 재산세를 면제한다. ISFP가 실용성과 감성을 결합하듯, 은평뉴타운은 공공성과 시장성을 균형 있게 배치해 지속가능한 주거 생태계를 만든다.

디자인적 측면에서 은평뉴타운은 뉴어바니즘의 원칙을 충실히 따른다. 생활가로 개념을 도입해 상업형, 주거형, 혼합형 가로를 계획했고, 중심 커뮤니티 광장 주변에 수공간과 녹지를 배치했다. 보행 유동량에 따른 가로동선의 위계와 특성을 고려해 길과 길이 만나는 노드점을 다양한 만남을 담아내는 외부공간으로 설계했다. 구역 순환형 자전거도로와 보행 중심 공간구성은 커뮤니티 활성화를 촉진한다. 통일로 및 연서로 노선 조정을 통해 생활가로를 확보하고, 북한산과 서오릉자연공원, 진관 근린공원을 도시 녹지축으로 연결했다. 은평 한옥마을은 동쪽으로 북한산을 조망하고 서쪽으로 진관 근린공원과 맞닿아 있어, 전통과 현대, 자연과 도시가 조화를 이룬다. ISFP가 아름다운 환경 속에서 감각적 경험을 추구하듯, 은평뉴타운은 녹지와 보행, 커뮤니티를 엮어 환경친화적 생태도시를 완성한다.

미래 도시적 측면에서 은평뉴타운은 친환경 도시재생의 모범 사례다.

최첨단 시설과 친환경을 접목한 단지 조성을 목표로 하는 은평뉴타운은, 녹색건축인증(G-seed)과 건축물 에너지 효율 등급 인증을 적극 도입한다. 서울시가 추진하는 제로에너지건축물(ZEB) 의무화 정책과 맞물려, 은평뉴타운 내 신축 건물들은 에너지 자립형 건축을 실험한다. 은평구는 친환경 도시재생사업을 활발히 펼치며, 도심 진입이 좋고 인프라가 풍부해 새로운 주거지로 각광받는다. 2040 서울도시기본계획에서 은평은 일자리·상업·여가문화 기능과 수변·녹지를 연결한 보행일상권 구현 지역으로 지정되었다. 기후변화 대응을 위한 공원·

녹지 네트워크 구축, 각종 환경 오염원 저감, 도시회복력 강화가 핵심 전략이다. ISFP가 현재를 충실히 살며 지속가능한 삶을 추구하듯, 은평뉴타운은 지금 여기의 주거 문제를 해결하며 동시에 미래 세대를 위한 환경을 보존한다.

은평뉴타운이 정의하는 사람 중심 도시는 결국 섞임의 미학이다. 분양과 임대를 섞고, 빈부를 섞고, 자연과 도시를 섞으며, 은평뉴타운은 배제가 아닌 포용의 도시를 실험한다. ISFP가 조화와 균형 속에서 아름다움을 발견하듯, 은평뉴타운은 소셜 믹스라는 파격적 실험을 통해 공공주거의 새로운 가능성을 열었다. 공원과 녹지는 단순한 휴식 공간이 아니라 주민들의 감각을 깨우는 예술 작품이며, 주민 참여와 협동조합은 도시를 함께 그려가는 창작 과정이다. 은평뉴타운은 완성된 도시가 아니라 계속 진화하는 캔버스다. 주민들이 붓을 들고 그림을 그리듯, 은평뉴타운은 지속가능성을 일상의 언어로 번역하며 환경과 삶을 잇는다. ISFP형 도시 은평뉴타운의 실험은 여전히 진행 중이며, 그 결과는 공공주거의 미래를 다시 쓰고 있다.

ENFJ

네덜란드 암스테르담

ENFJ 지도력·조직화·공감력 강함.

- Ⓔ 외향적
- Ⓝ 직관·미래 지향
- Ⓕ 감정·가치
- Ⓙ 계획적

ENFJ는 타고난 리더이자 공감자다. 사람들을 이끌고, 비전을 제시하며, 이상과 현실 사이에서 균형을 찾는 이 성향은 네덜란드 암스테르담의 도시 정체성과 놀라울 만큼 닮아 있다. 인구 84만 5천 명의 이 도시는 2050년까지 100% 무탄소 도시를 선언하며 순환경제의 원칙에 따라 작동하는 기후 중립 도시를 향해 나아간다. 동시에 도심 교통수단의 60% 이상을 자전거로 전환하고, 도로 80%의 최대 속도를 시속 30km로 제한하며, 보행자와 자전거 이용자 중심의 도시로 탈바꿈한다. ENFJ가 공동체의 행복을 위해 장기적 비전을 실천하듯, 암스테르담은 시민 주도 프로젝트와 촘촘한 네트워크를 통해 이상적인 미래를 현재의 정책으로 구현한다. 장기 도시 계획 비전 2050은 단순한 청사진이 아니라, 시민과 함께 그려가는 살아 있는 로드맵이다.

교육적 측면에서 암스테르담은 리빙랩(Living Lab)이라는 혁신적 교육 생태계를 구축했다. 도시가 직면한 이슈를 시민, 과학자, 정부, 연구자들이 참여해 지역 환경 정보를 수집하고 해결 방안을 함께 설계하는 리빙랩은, 암스테르담 스마트시티의 핵심 방법론이다. 스타트업부터 글로벌 기업까지 다양한 규모의 기업이 테스트베드를 통해 도시 문제를 해결하고 사회적 혁신에 기여한다. 정기적인 해커톤(Hackathon)은 시민들이 직접 도시의 미래를 코딩하는 장이며, 뉴 웨스트(Nieuw West) 지역 주민들은 주택의 태양광 발전과 스마트 그리

드 기술을 결합해 가상 발전소를 만들었다. ENFJ가 사람들에게 영감을 주고 함께 성장하듯, 암스테르담은 시민을 교육의 대상이 아닌 도시 혁신의 주체로 재정의한다. 네덜란드 전체 이동의 약 38%, 암스테르담 중심지는 60%가 자전거로 이뤄지는 이 도시에서, 시민들은 매일 자전거를 타며 지속가능성을 체화한다.

산업적 측면에서 암스테르담은 순환경제의 실험실이다. 2050년까지 도시 전체를 순환 경제 기반으로 전환하겠다는 청사진 아래, 2030년까지 50% 이상 자원순환을 목표로 한다. 건축자재의 순환 활용, 음식물 쓰레기의 퇴비·바이오 연료·바이오 플라스틱 재생, 1인가구 기준 연간 235유로의 쓰레기세 부과 등 구체적 정책이 실행 중이다. 암스테르담은 유럽에서 가장 빠르게 성장하는 스타트업 생태계를 보유하며, 2016년 유럽 혁신도시(iCapital)로 선정되었다. 네덜란드는 글로벌 스타트업 생태계 순위 14위를 기록하며, 암스테르담은 모바일 특화산업을 중심으로 에라스무스 기업가 정신을 확산한다. 도넛경제 기반의 균형 잡힌 성장을 추구하는 암스테르담은, 경제 성장과 환경 보호를 대립이 아닌 조화로 재구성한다. ENFJ가 조직의 비전과 구성원의 성장을 동시에 추구하듯, 암스테르담은 순환경제와 혁신 생태계를 통해 지속가능한 번영을 설계한다.

디자인적 측면에서 암스테르담의 운하는 단순한 관광 명소가 아니라 도시 통합 설계의 산물이다. 유네스코 세계문화유산으로 지정된 운하 벨트는 17세기부터 도시의 혈관으로 기능했으며, 21세기에는 기후변화 대응의 핵심 인프라로 재탄생한다. 버려진 운하를 수상 주거지역으로 전환한 스쿤스킵(Schoonschip) 마을은 900m²면적의 갑판을 통해 5개 생활공간을 나누고, 거주민들의 공공 공간으로 활용한다. 이웃과 협력하고 현대 기술을 최대한 활용해 실용적인 도시 생활, 현대적인 디자인, 지속가능한 생활방식을 결합한다. 통합 디자인 방식의 공공공간은 지하공간과 다목적 공간사용을 우선시하며, 건강한 생활환경과 새로운 에너지 시스템을 통합적으로 프로그래밍한다. 운하 주변 교각과 안전시설에 환경조각을 설치해 안전과 멋을 동시에 추구하며, PLABERUM(도시건축통합 의사결정과정)을 통해 실무적으로 통합

설계를 운영한다. ENFJ가 조화와 균형을 중시하듯, 암스테르담은 역사
와 현대, 자연과 도시, 기능과 미학을 하나의 디자인 언어로 통합한다.

　미래 도시적 측면에서 암스테르담의 비전은 명확하다. 2050년
100% 탄소중립, 2030년 온실가스 배출량 49% 감축(1990년 대비),
2050년 95% 감축이다. 2017년 기준 촘촘한 시민 네트워크와 빠른
실행력을 자랑하는 암스테르담은 대부분 시민 주도 프로젝트로 친환
경 정책을 실천한다. 도시 개발에서 에너지 효율과 탄소 저감을 최우

선 과제로 설정하고, 이를 공공 프로젝트와 민간 건축의 원칙으로 제도화했다. 지속가능한 도시로의 빠른 전환을 위해 기존 에너지 정책에 예산을 추가하고 2020년을 목표로 한 중단기 계획을 수립했다. 자동차 교통량을 줄이고 주차공간 제한, 높은 주차비, 시속 30km 제한 도입 등 자동차 이용을 불편하게 만드는 정책을 적극 추진한다. ENFJ가 미래를 내다보며 구성원을 설득하듯, 암스테르담은 불편함을 감수하면서도 지속가능한 미래를 향해 시민과 함께 걷는다.

암스테르담이 정의하는 사람 중심 도시는 결국 함께 만드는 도시다. 시민이 리빙랩에 참여하고, 스타트업이 테스트베드를 활용하며, 주민들이 가상 발전소를 운영하는 이 도시는 톱다운이 아닌 보텀업으로 움직인다. ENFJ가 공감과 소통으로 리더십을 발휘하듯, 암스테르담은 시민의 목소리를 정책으로 번역하고, 이상을 현실로 만드는 과정에서 누구도 배제하지 않는다. 자전거 60%, 운하, 순환경제, 탄소중립은 단순한 수치와 정책이 아니라 시민들이 매일 살아가는 방식이다. 암스테르담은 완벽한 도시가 아니라 함께 진화하는 공동체다. ENFJ형 도시 암스테르담의 실험은 이상과 현실 사이에서 균형을 찾으며, 지속가능성이 불편이 아닌 일상이 될 수 있음을 증명한다.

INTP

핀란드 헬싱키

INTP 문제 해결형 전문가. 실용적·분석적.

- Ⓘ 내향적
- Ⓝ 직관·미래 지향
- Ⓣ 논리 판단
- Ⓟ 융통성

INTP는 논리적이고 분석적이며, 시스템을 이해하고 개선하는 데 탁월한 성격이다. 이론을 현실로 구현하되 감정보다 데이터를 신뢰하는 이 성향은 핀란드 헬싱키의 도시 운영 철학과 놀라울 만큼 일치한다. 인구 65만 명의 이 도시는 2030년까지 탄소중립, 2040년까지 탄소제로, 그 이후 탄소네거티브를 목표로 한다. 1990년 대비 온실가스 배출량 80% 감축, 나머지 20%는 도시 숲과 토양 같은 자체 탄소 흡수원으로 상쇄한다는 계획은 정밀한 계산에 기반한다. 2011년부터 시작된 Helsinki Region Infoshare는 공공부문 데이터를 무료로 개방하며, Open Helsinki 플랫폼은 시민 누구나 실시간 도시 데이터를 활용할 수 있게 한다. INTP가 복잡한 문제를 논리적으로 해결하듯, 헬싱키는 데이터 기반의 정책과 환경 중심의 가치를 조화시키며 지속가능성을 과학적으로 설계한다.

교육적 측면에서 헬싱키는 디지털 문해력과 평생학습을 도시 운영의 기반으로 삼는다. 핀란드는 역사적으로 평생학습이라는 용어를 사용하기 이전부터 실제로 평생학습을 실현하는 교육 정책을 구축해온 국가다. 공공도서관은 시민 간 디지털 격차를 좁히는 허브로 기능하며, 디지털 심화 시대에 맞는 디지털 리터러시 교육을 제공한다. 헬싱키의 스마트시티 사업에서 주민 참여는 사업 막바지가 아닌 초기부터 시작된다. 사용자 주도의 사업방식은 공개적인 혁신과 민관협업 원칙 위에

만들어졌으며, 시민들은 도시 데이터를 직접 분석하고 해결책을 제안한다. 헬싱키 스마트지역(Smart Region)은 EU의 스마트 전문화 전략과 연계되어 지역 혁신역량을 강화하고, 쿼드러플 헬릭스(Quadruple Helix) 모델을 통해 산업, 학계, 공공부문, 지역·시민사회가 협력한다. INTP가 지식 탐구와 학습을 즐기듯, 헬싱키는 시민을 데이터 생산자이자 정책 설계자로 교육하며 집단지성을 도시 운영에 통합한다.

산업적 측면에서 헬싱키는 개방형 혁신과 스타트업 테스트베드의 메카다. 핀란드 스마트시티 정책의 특징은 노시개발 관점이 아닌 개방형 혁신과 공공 인프라 활용 확대에 초점이 맞춰져 있다. 전체 인구의 30% 이상이 거주하는 헬싱키 대도시권은 스타트업이 실제 도시

환경에서 기술을 테스트할 수 있는 리빙랩을 제공한다. 2016년 창업한 MaaS Global은 세계 최초로 이동성을 서비스로 제안한 회사로, 윔(WHIM) 앱을 통해 모든 종류의 대중교통과 개인교통 수단을 통합해 이동계획을 세우고 결제할 수 있게 한다. 단일 플랫폼에서 다양한 교통수단을 포함한 복합 교통정보를 제공하는 MaaS(Mobility as a Service)는 헬싱키가 2020년 7위에서 2024년 지속가능한 교통 평가 세계 1위로 도약하는 핵심 동력이었다. 도시 네트워크화를 통해 아파트, 사무 단지, 학교, 공공기관이 서로 연결되며, 공유 버스와 공유 자동차 정보가 실시간 제공된다. INTP가 효율적인 시스템을 설계하듯, 헬싱키는 데이터 기반 모빌리티 혁신으로 도시 이동성을 재구성한다.

디자인적 측면에서 헬싱키는 자연과 도시의 균형을 논리적으로 설계한다. 2014년부터 녹색 전환 프로젝트의 일환으로 조성된 보행자 중심 지구 쿠닌카안타미는 순환경제를 공간화한 실험이다. 2030년까지 전체 차량의 30%를 전기차로 교체하고, 자율주행 버스를 시도하며, 상대적으로 부족한 대중교통을 MaaS로 보완한다. 헬싱키의 도시계획은 화석연료를 사용하지 않는 지속가능한 단지를 목표로 하며, 태양열 에너지 같은 신재생 에너지를 적극 이용하고, 농산물은 최대한 자급자족한다. 도시 규모의 디지털 트윈을 활용해 환경을 개선하며, 시민과 기업에 공개 데이터로 도시 모델을 공유해 연구 개발을 촉진한다. 탄소중립 행동계획, 기후변화 적응 정책, 순환·공유경제 계획 등 주요 환경 프로그램의 이행 상황을 매년 점검하는 환경 보고서는 헬싱키의 투명성을 증명한다. INTP가 추상적 아이디어를 구체적 시스템으로 전환하듯, 헬싱키는 탄소중립이라는 이상을 데이터와 인프라로 구현한다.

　미래 도시적 측면에서 헬싱키의 비전은 측정 가능하고 검증 가능하다. 2030년 탄소중립은 단순한 슬로건이 아니라 1990년 이후 16% 온실가스 감축이라는 실적으로 뒷받침된다. 2025년까지 1990년 수준 대비 80% 감축, 2050년까지 폐기물 없는 순환 경제, 표면수와 지하수를 포함한 수자원 보호가 구체적 목표다. 2025년 세계에서 가장 지속가능한 여행지로 GDSI(Global Destination Sustainability Index)

1위를 기록한 헬싱키는, 핀에어와 유나이티드 항공 같은 항공사의 친환경 상품 강화, 래디슨 블루 같은 호텔의 지속가능성 기반 서비스 제공으로 산업 생태계 전체를 전환시킨다. 핀란드는 풍부한 물과 산림, 원자력과 풍력을 더해 전력 분야에서 거의 탄소중립을 달성했으며, 전력시장은 재생에너지 맞춤형으로 설계되었다. INTP가 장기적 패턴을 분석하고 미래를 예측하듯, 헬싱키는 데이터 기반의 정밀한 예측과 실행으로 2035년 탄소중립이라는 문샷(moonshot)을 향해 나아간다.

헬싱키가 정의하는 사람 중심 도시는 결국 투명성과 참여의 도시다. 모든 데이터를 개방하고, 시민이 직접 분석하며, 스타트업이 테스트하고, 정부가 결과를 검증하는 이 순환은 INTP의 논리적 사고 과정과 닮아 있다. INTP가 감정이 아닌 데이터로 소통하듯, 헬싱키는 추상적 약속이 아닌 측정 가능한 수치로 시민과 대화한다. 온실가스 80% 감축, MaaS 세계 1위, 전기차 30%, 오픈데이터 플랫폼은 헬싱키가 걸어온 길의 증거다. 헬싱키는 완벽한 도시가 아니라 끊임없이 분석하고 개선하는 도시다. INTP형 도시 헬싱키의 실험은 데이터와 환경, 이론과 실천, 시민과 정부가 논리적으로 공존할 수 있음을 증명하며, 지속가능성이 과학이 될 수 있음을 보여준다.

ESTJ

싱가포르

ESTJ 조직 관리자형. 규율·효율 중심.

- Ⓔ 외향적
- Ⓢ 현실·감각 중심
- Ⓣ 논리 판단
- Ⓙ 계획·통제

ESTJ는 실용적이고 조직적이며, 규칙과 질서를 통해 목표를 달성하는 성격이다. 효율성을 중시하고 명확한 계획을 실행하는 이 성향은 싱가포르의 도시 운영 철학과 정확히 일치한다. 1967년 가든시티(Garden City) 계획 선언 이후 싱가포르는 지저분하고 오염된 도시에서 녹지비율 46.5%의 자연 친화적 모델로 완전히 탈바꿈했다. 2021년 발표된 Green Plan 2030은 2050년까지 넷-제로(Net-Zero) 달성, 2030년까지 매립 폐기물 30% 감축, 2030년까지 학교 20% 탄소중립, 태양에너지 4배 확대라는 구체적 수치로 가득하다. 도시 전체를 정원으로 만든다는 'City in Nature' 비전은 추상적 구호가 아니라, 2009년부터 시작된 Skyrise Greenery(옥상 녹화와 수직 녹화) 사업으로 현실화되었다. ESTJ가 계획을 세우고 철저히 실행하듯, 싱가포르는 규제와 개발을 동시에 통제하며 녹색 도시국가라는 야심찬 목표를 향해 질서정연하게 나아간다.

교육적 측면에서 싱가포르는 시민을 정책의 수용자로 만드는 데 성공했다. NEWater 방문센터는 단순한 정수장이 아니라 시민 교육과 관광 자원으로 개방되어, 하수가 마실 수 있는 물로 재탄생하는 과정을 투명하게 공개한다. '새로 태어난 물'이라는 뜻의 뉴워터는 2060년까지 상수원의 50% 비중을 차지할 계획이며, 정부 정책에 대한 시민들의 높은 신뢰도가 이를 가능하게 한다. 싱가포르 정부는 '수자원 안보

= 국가 생존'이라는 전략을 도시계획 전반에 반영하며, 물 관리 정책을 국가 교육 커리큘럼으로 통합했다. 가든스 바이 더 베이(Gardens by the Bay)에는 150만 그루가 넘는 식물과 이국적인 꽃이 있어 도시의 이산화탄소를 상쇄하는 데 도움을 주며, 동시에 시민들에게 환경교육의 장으로 기능한다. ESTJ가 체계적인 교육으로 조직을 관리하듯, 싱가포르는 시민을 규칙의 준수자로 만들기 위해 투명성과 실용성을 결합한 교육 시스템을 구축했다.

산업적 측면에서 싱가포르는 Smart Nation 이니셔티브를 통해 국가 전체를 테스트베드로 전환했다. ICT 기술과 혁신을 활용해 스마트 국가로 변모하기 위한 이 장기 전략은, 디지털 정부 서비스의 일환으로 스마트 센서 플랫폼을 구축하고, 전 국토를 3D 가상현실로 재현하는 디지털 트윈을 운영한다. 정부, 산업계, 연구계가 협력하여 다양한 혁신 프로젝트를 진행하며, 기업 내 AI 도입 가속화와 디지털 대전환을 목표로 한다. 풍골 디지털 디스트릭트(Punggol Digital District)는 AI 혁신 테스트베드로, 생활과 업무 전반에 대한 개방형 디지털 시범 플랫폼을 제공한다. 2025년까지 ICT를 활용해 주요 도시문제를 해결하는 미래형 도시국가 건설이 목표이며, 핵심 5대 분야(교통, 건강, 가정·커뮤니티, 비즈니스, 정부)에서 구체적 성과를 창출한다. ESTJ가 효율적인 시스템으로 생산성을 극대화하듯, 싱가포르는 국가 전체를 하나의 거대한 스마트 팩토리로 운영하며 디지털 혁신을 제도화한다.

디자인적 측면에서 싱가포르의 공간 전략은 밀도와 녹지의 역설적 공존이다. 도시 내 밀도 높은 개발을 포함하면서도 도시 전체를 정원으로 만든다는 비전은, 수직 녹화를 통해 해결된다. 녹색으로 뒤덮인 수직 고층 빌딩, 생태 중심 디자인 건축물은 정원 속 도시 싱가포르의 면모를 보여준다. 총 16층 건물 중 5층, 10층 일부, 15층 전체를 정원으로 조성해 이산화탄소를 줄이고 주변 환경 온도를 낮춘다. 공원과 공원을 연결하는 녹지 네트워크는 도시 열섬 효과를 완화하며, 그린마크를 받은 재활용 자재를 사용한 건축물은 지속가능성을 공간화한다. 해수담수화, NEWater 재이용수, 말레이시아 원수 수입, 저수지물 활용이라는 4대 수자원 확보 전략은 마리나 댐과 크란지물 재이용 시설로 구체화된다. ESTJ가 명확한 규칙과 구조로 공간을 조직하듯, 싱가포르는 국토 전체를 정밀하게 설계하며 개발과 보존의 균형을 규제로 통제한다.

미래 도시적 측면에서 싱가포르의 전략은 측정 가능한 목표와 강력한 실행력이다. Green Plan 2030은 UN의 지속가능 발전 목표(UN SDGs)와 파리 기후 협정에 대한 공약을 이행하면서 지속가능한 성장을 하는 것에 목표를 둔다. 2030년까지 CO2 최대 배출량을 6500만 톤으로 줄이고, 2050년까지 넷-제로를 달성하며, 에너지 구조를 재설정하고 효율성을 강화한다. 2025년 태양에너지 4배 확대, 2030년 매립 폐기물 30% 감축, 2030년 학교 20% 탄소중립은 단계별 마일스톤이다. 싱가포르 정부는 지속가능성 분야 강화를 위해 Chief Sustainability Officer(GCSO)를 임명하고, 관련 공공 기관과 협력하며 기업과의 파트너십을 주도한다. 식음료 업계를 포함한 전 산업에 ESG 경영을 의무화하며, 지속가능한 관광 목적지로의 전환도 Green Plan 2030의 비전에 포함된다. ESTJ가 장기 계획을 세우고 단계별로 실행하듯, 싱가포르는 2030-2050-2060이라는 타임라인 위에 국가 전체를 배치하며 지속가능성을 법제화한다.

싱가포르가 정의하는 사람 중심 도시는 결국 규제를 통한 질서의 도시다. 가든시티에서 City in Nature로의 전환은 시민의 자발성이 아닌 정부의 강력한 정책으로 이뤄졌다. ESTJ가 규칙과 절차를 중시

하듯, 싱가포르는 뉴워터 의무화, 태양에너지 4배 확대, 매립 폐기물 30% 감축을 법과 규제로 강제한다. 하지만 이 규제는 투명성과 교육으로 뒷받침되어, 시민들은 정부 정책을 신뢰하고 수용한다. 녹지비율 46.5%, 150만 그루 식물, Smart Nation, NEWater 50%는 싱가포르가 걸어온 길의 증거다. 싱가포르는 민주적 합의가 아닌 효율적 실행으로 움직이는 도시국가이며, 그 결과는 세계에서 가장 지속가능한 도시 중 하나라는 평가로 돌아온다. ESTJ형 도시 싱가포르의 실험은 규제와 개발, 욕망과 질서가 강력한 리더십 아래 공존할 수 있음을 증명하며, 지속가능성이 선택이 아닌 명령이 될 수 있음을 보여준다.

04

재생

낡음을 다시 쓰는 방법

INFP

인천광역시 개항장

INFP 이상주의·가치 중심. 내면 열정 강함.

- (E) 내향적
- (S) 직관·상상
- (T) 감정·가치
- (J) 융통성

INFP는 이상주의적이고 감수성이 풍부하며, 낡은 것에서 새로운 의미를 발견하는 성격이다. 과거를 부정하지 않고 재해석하며, 보이지 않는 가치를 드러내는 이 성향은 인천 개항장 일대의 도시 재생 철학과 닮아 있다. 1883년 개항 이후 청나라와 일본 조계지로 나뉘어 수탈의 아픈 역사를 간직한 이곳은, 전면 철거 대신 보존과 재생을 선택했다. 개항장 이음 1977은 1977년 김수근 건축가가 설계한 건물을 인천도시공사가 매입해 리모델링한 근대건축문화자산 재생사업 1호이며, 110여 년 역사의 구덕흥호는 2호 건축물로 부활했다. 중앙 돔 형식의 후기 르네상스 양식 석조 건축물인 인천개항박물관(옛 일본 제1은행)과 일본제18은행 인천지점 자리의 인천 개항장 근대건축전시관은, 낡음을 지우지 않고 시간을 겹쳐 쓰는 방법을 보여준다. INFP가 상처를 예술로 승화하듯, 개항장은 역사의 아픔을 문화의 자산으로 재탄생시킨다.

교육적 측면에서 개항장은 시간 여행의 교과서이다. 청일 조계지 경계 계단은 일본과 청나라 조계지를 분리하는 경계선 역할을 했으며, 이 계단을 기준으로 동쪽은 '왜관', 서쪽은 차이나타운으로 나뉜다. 개항 이후 각국 조계지에 건축된 서구 근대 건축물과 관련된 자료가 전시된 근대 건축 전시관은, 서구 문물과 동양 전통이 조화롭게 어우러진 독특한 건축 양식을 생생하게 증언한다. 한중문화관은 1884년

청국 조계지였던 국내 최초의 차이나타운을 소개하며 한국과 중국의 문화 예술 교류를 촉진한다. 19세기 말 인천 개항장의 역사와 풍속화가 기산 김준근의 예술 세계를 현대 무대 위에 되살린 창작 판놀음 '기산, 시간을 걷다'는 단순한 역사 재현이 아니라 과거와 현재의 대화이다. INFP가 스토리텔링으로 가치를 전달하듯, 개항장은 건축물과 거리를 교육의 매개로 삼아 130여 년 전 인천의 개항기로 타임슬립시킨다.

산업적 측면에서 개항장은 예술가들의 창작 인큐베이터로 기능한다. 개항기의 오래된 창고와 공장을 철거하지 않고 아틀리에와 갤러리로 재탄생시킨 인천아트플랫폼은, 복합 문화 예술 공간으로 전시장, 공연장, 공방을 조성했다. 근대 건축물을 사들여 세월이 깃든 건물과 아티스트의 예술적 기운이 만나는 공간으로 설계한 이곳은, 300여 명의 예술가들이 활동하는 도심 재생의 좋은 사례로 꼽힌다. 예술가들이 창작 활동에 몰두할 수 있도록 작업실을 지원하며, 낡은 공장 건물 옥상에는 텃밭과 꽃밭이 조성되어 생활과 예술이 공존한다. 인천시가 추진하는 천 개의 문화 공간 프로젝트는 민간과 공공의 유휴 공간을 문화 시설로 바꾸며, 생활 문화동아리에게는 활동 간, 예술인에게는 창작 공간을 제공한다. INFP가 자신만의 독특한 방식으로 세상을 표현하듯, 개항장은 낡은 건물을 예술가들에게 내어주며 창작의 생태계를 키운다.

디자인적 측면에서 개항장의 공간 전략은 레이어링(layering)이다. 일본 영사관이었던 인천 중구청을 중심으로 일본식 석조 건물과 적산 가옥이 묘하게 얽혀 있고, 차이나타운의 중국식 건축물과 자유공원의 근대 유산이 동시대에 공존한다. 전면 철거 방식이 아닌 보존과 관리를 넘어선 개발과 정비의 도시 재생을 추구하는 인천도시공사는, 원도심의 특성을 바탕으로 도시 재생의 방향을 잡았다. 인천개항 창조 도시 재생 사업은 근대 역사 문화 도시라는 브랜딩을 내세우며, 향후 2호, 3호 사업으로 확장될 계획이다. 낡을수록 빛나는 옛 건물들은 오래된 교회와 카페, 박물관이 오밀조밀 모여 이채로운 풍경을 만든다.

밤에는 야경 투어 코스로 감성이 폭발하며, 근대 건축물과 자유공원의 조화가 예술이 된다. INFP가 여러 층의 감정을 동시에 느끼듯, 개항장은 시대와 문화를 겹겹이 쌓아 올리며 복합적인 정체성을 만든다.

　미래 도시적 측면에서 개항장의 비전은 주민 참여형 재생이다. 시민 중심 도시 재생 뉴딜 허브는 시민과 전문가가 협력하여 함께 만드는 '시민 참여형 도시 재생 프로젝트'를 운영하며, 주민들은 단순히 사업의 수혜자가 아니라 사업을 계획하고 실행하는 주체이다. '50년을 돌아온, 사람의 길! 함께 만들어요!'라는 슬로건 아래 인천광역시는 도시 재생 주민 공모 사업에 최대 1000만 원을 지원하며, 공감마을 도시재생 현장지원센터는 주민 중심 사업으로 행정과 주민 간의 협력과 소통을 매개한다. 원도심 도시 재생 시민 공모 시범 사업에는 19개 사업이 접수되어 주민의 손으로 직접 부활을 시도한다. 제물포 르네상스 프로젝트는 개항 창조 도시 재생 뉴딜사업으로 국토부 공모에 선정되어 원도심 활성화를 추진한다. INFP가 공동체의 가치를 중시하고 개인의 이야기를 존중하듯, 개항장은 주민의 목소리를 듣고 함께 미래를 그려간다.

　개항장이 정의하는 사람 중심 도시는 결국 시간을 다시 쓰는 도시이다. 철거가 아닌 보존, 개발이 아닌 재생, 강요가 아닌 참여를 선택한 이곳은, 1883년의 아픔과 2025년의 희망을 같은 공간에 공존시킨다. INFP가 과거의 상처를 부정하지 않고 그 안에서 의미를 찾듯, 개항장은 일본 조계지와 청국 조계지의 경계를 지우지 않고 경계 자체를 교육의 장소로 만든다. 근대건축문화자산 1호, 2호, 인천아트플랫폼, 주민 공모 사업은 개항장이 걸어온 길의 증거이다. 개항장은 완성된 도시가 아니라 계속 다시 쓰이는 원고이다. INFP형 도시 개항장의 실험은 낡음이 결점이 아닌 자산이 될 수 있음을 증명하며, 재생이 새로 짓는 것보다 더 깊은 이야기를 만들 수 있음을 보여준다. 시간은 지워지는 것이 아니라 다시 쓰이는 것이며, 개항장은 그 문장을 지금도 쓰고 있다.

4-2

ISTP

군산시 구도심

ISTP 문제 해결형 전문가. 실용적·분석적.

- ⓘ 내향적
- Ⓢ 사실·현실 중심
- Ⓣ 논리 판단
- Ⓟ 융통성

ISFP는 예술가형이자 모험가이다. 조용히 자기만의 속도로 작업하며, 실용성과 아름다움을 동시에 추구하는 이 성향은 군산 구도심의 재생 방식과 닮아 있다. 1899년 개항 이후 일제의 쌀 수탈 거점으로 번영했다가 인구 70% 급감으로 황폐해진 군산은, 화려한 선언 대신 조용히 근대 건축물을 하나씩 되살렸다. 1990년 화재 이후 방치되었던 옛 조선은행 군산지점은 2008년 등록문화재가 되어 군산근대건축관으로 재탄생했고, 미곡 창고는 장미 공연장이 되었으며, 일제 강점기 무역 회사 미즈상사는 미즈카페로 변신했다. 2000년 무렵부터 시작된 이 움직임은 대규모 철거 없이 근대 건축물을 구도심 활성화 자원으로 활용하자는 조용하지만 깊이 있는 합의에서 출발했다. ISFP가 화려하지 않지만 진정성 있는 작품을 만들듯, 군산은 폐허를 문화로 바꾸는 실험을 묵묵히 이어왔다.

교육적 측면에서 군산은 도시 전체가 살아 있는 박물관이다. 1908년 벨기에에서 벽돌을 수입해 지은 구세관 건물은 지붕 위 3개 첨탑이 인상적인 대한제국 시기 건축물이며, 그 옆 군산근대역사박물관은 개항 이후 각국 조계지에 건축된 서구 근대 건축물 자료를 전시한다. 1925년 포목점을 운영하던 히로쓰 게이사부로가 지은 신흥동 일본식 가옥(히로쓰가옥)은 근세 일본 무가의 고급 주택인 야시키 형식으로, 1층에는 온돌방·부엌·식당, 2층에는 다다미방과 도코노마가 있어 일제

강점기 일본인 지주의 생활 양식을 생생하게 보여준다. 나가사키 18은행을 개조한 군산근대미술관, 군산 내항 호안시설, 뜬다리부두(부잔교), 군산 내항 철도는 100년의 건축 문화 유산을 따라 걷는 '모던시티 군산'의 타임캡슐이다. ISFP가 감각적 경험을 통해 배우듯, 군산은 건축물을 교과서 삼아 근대사를 체험하게 한다.

산업적 측면에서 군산은 영화의 도시로 재탄생했다. 1998년 개봉한 '8월의 크리스마스'의 대부분이 군산에서 촬영되었고, 월명동 초원

사진관은 개봉 15년 만인 2013년 재개봉하자 새 관광 명소로 떠올랐다. 한석규와 심은하가 불치병 사진사와 주차단속원의 아련한 사랑을 엮어간 이 영화는 군산을 감성의 도시로 각인시켰다. 2006년 개봉한 '타짜'는 신흥동 일본식 가옥과 중국집 빈해원에서 촬영되었고, '장군의 아들', '역전의 명수' 등 수십 편의 영화가 군산의 근대 문화 거리를 배경으로 삼았다. 영화 촬영지로 각광받으면서 관광객이 북적이고, 인구 70% 급감으로 황폐해졌던 구도심이 활력을 되찾았다. 군산시가 추진하는 영화 촬영지 인증샷 이벤트는 관광객 유입 기반을 확대하며, 이색적 분위기의 일제 건축물과 풍성한 즐길거리가 군산을 문화 관광의 거점으로 만들었다. ISFP가 예술을 통해 자신을 표현하듯, 군산은 영화라는 매체로 도시의 서사를 재구성한다.

디자인적 측면에서 군산의 공간 전략은 보존과 활용의 균형이다. 근대 문화 지구는 일제 강점기에 조성된 근대산업시설을 활용해 벨트화 사업으로 조성되었으며, 철거 대신 리모델링을 선택했다. 옛 조선은행 건물의 군산 근대 건축관, 장미 공연장, 미즈카페는 근대 건축물의 외관을 보존하면서도 현재의 용도에 맞게 내부를 재구성했다. 군산 내항 일원의 역사 문화 공간은 뜬다리부두, 호안 시설, 철도, 구제일사료주식회사 공장, 경기화학약품상사 등이 유기적으로 연결되며 근대 산업 유산의 스토리를 만든다. 중앙동 도시 재생 뉴딜사업은 2018년부터 5년차를 맞아 성과가 가시화되며, 신영시장 친환경 생선 건조장 같은 공동 시설을 구축해 주민 생활 개선과 관광 활성화를 동시에 추구한다. ISFP가 기능과 미를 조화시키듯, 군산은 역사적 가치와 실용성을 동시에 살리는 공간 디자인을 실천한다.

　미래 도시적 측면에서 군산의 비전은 주민 참여형 지속가능성이다. 군산 도시 재생 사업 성공의 중심에는 주민협의체가 있으며, 이해관계가 엇갈리는 주민들의 의견을 모으고 조율하는 이 대표자 모임은 '찾기 좋은 곳' 이전에 '살기 좋은 곳'을 만드는 데 집중한다. 월명동, 산북동 사업과 흥남동, 영동, 장미동, 우체통거리의 소규모 사업이 종료되었고, 해신동에는 2024년까지 도시 재생 뉴딜사업이 진행되었다. 주민 제안 공모 사업 발굴과 지원에 최선을 다하며, 시민들의 적극적인 참여로 효과를 배가시킨다. 창조적 상생을 통한 근대 역사 문화 도시 구현을 비전으로 원도심 정주 여건 개선, 지역 자원 활용 상권 활성화, 지속가능한 도시 재생 사업 추진 체계를 수립했다. 도시 재생 사업 후 유지 관리 방안과 주민 참여형 관리 방안이 과제로 남아 있지만, 성과의 확산 방법을 모색하며 다음 단계로 나아간다. ISFP가 공동체와 조화를 중시하듯, 군산은 주민을 중심에 두고 조용히 지속 가능한 미래를 설계한다.

　군산이 정의하는 사람 중심 도시는 결국 조용한 회복의 도시이다. 화려한 개발 대신 묵묵한 보존, 거대 담론 대신 작은 합의, 관광객 유치 이전에 주민 삶의 질 개선을 선택한 이곳은, 인구 70% 급감이라는 폐허에서 근대 문화 도시라는 문화로 거듭났다. ISFP가 자신만의 속도로 작품을 완성하듯, 군산은 20여 년간 하나씩 건물을 살리고 하나씩 이야기를 엮었다. 초원사진관, 히로쓰가옥, 장미 공연장, 주민협의

체는 군산이 걸어온 길의 증거다. 군산은 완성된 도시가 아니라 여전히 재생 중인 도시이다. ISFP형 도시 군산의 실험은 폐허가 끝이 아닌 시작이 될 수 있음을 증명하며, 조용한 노력이 화려한 선언보다 더 깊은 변화를 만들 수 있음을 보여준다. 재생은 소리를 내지 않고 이뤄지는 것이며, 군산은 그 침묵 속에서 가장 큰 울림을 만들고 있다.

ENTP

서울특별시 을지로

ENTP 활동적 해결사. 실전 감각 뛰어남.

- Ⓔ 외향적
- Ⓝ 현실·감각 중심
- Ⓣ 논리 결정
- Ⓟ 즉흥·유연

서울 중심부 을지로는 철공소의 불꽃과 예술가의 상상력이 공존하는 독특한 풍경을 펼친다. 청계천을 따라 뻗은 좁은 골목에는 60년 넘게 이어온 인쇄업체와 공구상이 여전히 철판을 깎고 잉크 냄새를 풍기는 가운데, 그 옆에는 젊은 예술가들의 아틀리에와 레트로 감성의 카페들이 자리 잡았다. 이처럼 서로 다른 시간과 언어가 충돌하며 새로운 가능성을 창출하는 을지로는 전형적인 ENTP형 도시이다. 발명가형으로 불리는 ENTP는 고정 관념을 깨고 기존 자원을 새로운 방식으로 결합하며 실험을 두려워하지 않는다. 을지로가 바로 그렇다.

을지로의 역사는 20세기 초 방직, 식품, 인쇄업이 활성화되며 근대 상공업 중심지로 출발했다. 1960년대에는 세운상가군이 들어서며 전자제품 유통과 제조업의 메카가 되었고, 을지로 3가와 4가 일대엔 철공, 조명, 타일, 인쇄, 전자 기기 상권이 밀집했다. 특히 인현동 인쇄골목은 기획부터 디자인, 제판, 인쇄, 후가공까지 분업화된 생태계를 형성해 한국 제조업의 근간을 지탱했다. 이곳 장인들은 각자 하나의 공정과 기계를 전문적으로 다루며 협력 네트워크를 구축했고, 이는 을지로만의 독특한 산업 문화를 만들어냈다.

그러나 2000년대 들어 디지털화와 도심 공동화로 을지로는 쇠퇴의 길을 걸었다. 세운상가는 낡은 건물의 대명사가 되었고, 재개발 논의가

수차례 오갔다. 전환점은 2015년 서울시의 다시 세운 프로젝트였다. 철거가 아닌 재생을 선택한 이 프로젝트는 산업 재생, 공동체 재생, 보행 재생을 핵심 전략으로 세웠다. 세운상가군의 유휴 공간을 활용해 세운메이커스큐브를 조성하고, 공중 보행로를 연결해 단절된 공간을 다시 이었다. 이러한 도시 재생 흐름 속에서 저렴한 임대료와 독특한 낡음의 미학을 발견한 청년 예술가와 창업가들이 하나둘 을지로로 모여들었다.

이들은 기존 장인들과 충돌하기보다 협업을 시도했다. 예술가는 철공소 장인에게 작품 제작을 의뢰하고, 인쇄소는 젊은 디자이너들과 손잡고 독립출판물을 찍어냈다. 세운상가의 전자 부품 상인은 메이커들에게 아날로그 기술을 전수하며 새로운 제품 개발을 돕는다. 이러한 세대 간 기술 전승과 융합은 을지로를 단순한 힙플레이스가 아니라 창조적 실험실로 만들었다. 2019년 을지로3가 프로젝트는 장인들의 작업물을 예술 작품으로 전시하며 제조업과 예술의 경계를 허물었고, 을지예술센터와 같은 공간은 지역 예술가들의 허브 역할을 담당했다.

ENTP형 도시 을지로의 핵심은 다양성과 실험 정신에 있다. 낡은 기계와 최신 디지털 기술이 공존하고, 70대 철공소 사장님과 20대 디자이너가 협업하며, 족발집과 비건 카페가 나란히 손님을 맞는다. 이러한 혼종성은 을지로를 예측 불가능하지만 끊임없이 흥미로운 공간으로 만든다. 힙지로라는 별명이 붙으며 주목받았지만, 을지로의 진정한 가치는 겉으로 드러난 트렌디함이 아니라 서로 다른 것들을 거부감 없이 받아들이고 융합시키는 포용력에 있다.

그러나 이러한 성공은 양날의 칼이다. 인기가 높아지며 지가와 임대료가 급상승했고, 젠트리피케이션 우려가 현실화되고 있다. 오랜 시간 을지로를 지켜온 제조업체들이 임대료를 감당하지 못하고 떠나고, 그 자리를 자본력 있는 상업 시설이 채운다. 을지로 아카이빙 프로젝트는 사라지기 전에 이곳의 이야기를 기록하려는 절박함에서 시작되었다. 2022년 완성된 이 프로젝트는 을지로의 속살을 영상과 사진, 글로 담아냈지만, 동시에 을지로가 얼마나 빠르게 변하고 있는지도 보여주었다.

을지로가 ENTP형 도시로 지속가능하려면 창의적 융합을 유지하면서도 기존 공동체를 보호하는 섬세한 균형이 필요하다. 상생 협약과 젠트리피케이션 모니터링 체계 구축은 첫걸음이지만, 법적 구속력을 가진 제도적 보완이 절실하다. 임대차보호법 개정, 지역 상권 보호 구역 지정, 장기 임대료 안정화 정책이 뒷받침되어야 한다. 동시에 을지로 디자인예술센터 같은 거점 공간을 통해 예술가와 장인의 협업 플랫폼을 강화하고, 청년 창업가들이 지역 산업 생태계에 기여할 수 있도록 메이커시티 인프라를 확충해야 한다.

을지로가 보여주는 사람 중심 도시 콘셉트는 낡음과 새로움의 이분법을 넘어선다. 이곳의 진정한 자산은 건물이나 기계가 아니라, 60년간 기술을 연마해 온 장인과 새로운 시도를 멈추지 않는 청년들이 함께 만드는 창의적 에너지이다. 기계와 예술, 과거와 미래가 충돌하며 예상치 못한 화학 반응을 일으키는 을지로는 도시 재생이 단순히 물리적 환경 개선이 아니라 사람과 사람 사이의 관계 회복이자 공동체의 재발견임을 증명한다.

ENTP형 도시 을지로의 실험은 아직 끝나지 않았다. 철판을 두드리는 망치 소리와 키보드 타이핑 소리가 어우러지는 이 거리에서, 우리는

도시가 어떻게 다양성을 자산으로 삼고 변화를 기회로 전환할 수 있는지 목격한다. 을지로가 지속가능한 융합의 모델이 되려면 빠른 변화 속에서도 느리게 걷는 지혜가 필요하다. 개발과 보존의 이분법을 넘어, 낡음을 존중하며 새로움을 환대하는 태도가 을지로의 미래를 결정할 것이다. 이것이 바로 을지로가 우리에게 던지는 질문이다. 도시의 다양성과 창의성을 지키면서도 모두가 함께 살아갈 수 있는 공간을 어떻게 만들 것인가.

ISTP

미국 볼티모어

ISTP 문제 해결형 전문가. 실용적·분석적.

- Ⓘ 내향적
- Ⓢ 사실·현실 중심
- Ⓣ 논리 판단
- Ⓟ 융통성

미국 메릴랜드주 볼티모어는 영광과 쇠퇴를 모두 경험한 도시이다. 18세기부터 항만 도시로 번영했고, 20세기 중반에는 베들레헴 스틸의 스패로즈 포인트 공장에서 3만 명 이상이 일하며 미국 제조업의 심장부 역할을 했다. 그러나 1950년부터 1995년까지 10만 개 이상의 제조업 일자리가 사라지며 75%의 산업 고용이 증발했다. 2001년 베들레헴 스틸이 파산하자 볼티모어는 슬럼화, 인구 감소, 높은 범죄율이라는 도시 문제에 직면했다. 이 위기 앞에서 볼티모어는 감상적 향수가 아닌 냉철한 분석과 실용적 해법으로 답했다. 이것이 바로 ISTP형 도시의 접근법이다.

ISTP는 만능 재주꾼형으로 불리며 논리적 분석과 실제적 감각을 동시에 구사하는 성향이다. 감정보다 구조를 먼저 보지만, 동시에 공간과 물질에 대한 예민한 감각으로 최적의 해결책을 찾아낸다. 볼티모어의 도시 재생 전략이 정확히 그렇다. 1958년 찰스 센터 프로젝트로 도심을 정비하고, 1963년부터 240에이커에 달하는 이너하버 항만 재개발에 착수했다. 이 과정에서 볼티모어는 대규모 철거와 신축이 아니라, 기존 구조물의 가치를 분석하고 용도를 전환하는 전략적 재생을 선택했다.

이너하버 재개발의 핵심은 비영리 공공법인 찰스센터-이너하버 관리

기구가 주도한 마스터플랜이었다. 1964년 수립된 이 계획은 버려진 공장과 낡은 창고를 허물지 않고 수족관, 박물관, 호텔, 레스토랑으로 전환했다. 1980년 개장한 하버플레이스는 역사적 항구를 워터프런트 복합 문화 공간으로 재탄생시키며 전 세계 항만 도시 재생의 모델이 되었다. 중요한 것은 볼티모어가 단순히 관광 명소를 만든 것이 아니라, 지역 경제 생태계 전체를 재구조화했다는 점이다. 다수의 소형 개발사와 비영리 단체를 끌어들여 창의적이고 다양한 프로젝트가 동시 다발적으로 진행되도록 했다.

산업적 측면에서 볼티모어는 제조업 쇠퇴 이후 새로운 동력을 찾아야 했다. 해답은 존스홉킨스대학교였다. 세계 최고 수준의 의과대학과 연구기관을 보유한 존스홉킨스는 바이오테크놀로지와 생명 과학 산업의 앵커가 되었다. 볼티모어는 대학 주변에 혁신 코리더를 조성하고, 250만 평방피트 이상의 바이오테크 연구 시설을 구축했다. 존스홉킨스 바이오테크놀로지 이노베이션 센터와 사이언스 앤드 테크놀로지 파크는 대학 연구와 기업 상용화를 연결하는 플랫폼으로 기능하며, 스타트업부터 글로벌 제약사까지 유치하는 데 성공했다. 2024년 그레이터 볼티모어 테크 허브는 1억 5200만 달러를 투입해 바이오테크와 인공지능·머신러닝 융합 연구를 지원하며, 볼티모어를 생명 과학 혁신의 중심으로 자리매김시켰다.

디자인적 측면에서 볼티모어의 전략은 적응적 재사용에 집중한다. 1887년 지어진 담배 창고는 헨더슨스 워프 콘도로, 1899년 건설된 캠든 창고는 복합 문화 시설로, 낡은 발전소는 프랫 스트리트 파워 플랜트로 변신했다. 마운트 버논 밀 넘버 원은 162,000제곱피트 규모의 역사적 제분소를 다용도 복합건물로 전환한 대표 사례이다. 이러한 적응적 재사용 프로젝트는 건물의 구조적 뼈대와 산업 유산의 감각을 보존하면서도, 현대적 기능과 안전 기준을 충족하는 정밀한 설계를 요구한다. ISTP형 볼티모어는 과거의 물질성을 존중하되, 그것을 감상의 대상이 아닌 활용 가능한 자원으로 다룬다.

문화 예술 측면에서는 스테이션 노스 아츠 디스트릭트가 주목할 만하다. 볼티모어 최초의 예술 지구로 지정된 이 104에이커 지역은 갤러리, 극장, 공연장, 스튜디오, 레스토랑이 밀집한 창조 중심지이다.

메릴랜드 주립예술위원회의 지원을 받는 이곳은 예술가 주거 지원, 스튜디오 임대, 공공 예술 프로젝트를 통해 창작 커뮤니티를 육성한다. 2024년에는 예술가 전용 6층 160유닛 아파트 건설이 승인되어 젠트리피케이션 압력 속에서도 예술가들이 지역에 머물 수 있는 구조적 기반을 마련했다. 인바이팅 라이트 프로젝트는 5개의 빛 설치 예술로 스테이션 노스를 조명하며, 예술이 도시 안전과 활력에 기여할 수 있음을 보여주었다.

그러나 볼티모어의 재생이 완벽한 성공만은 아니다. 이너하버 재개발은 관광객을 끌어들였지만, 정작 볼티모어 시민들의 삶과 얼마나 연결되었는지에 대한 비판이 존재한다. 젠트리피케이션으로 저소득층이 밀려나고, 재생 혜택이 특정 지역에 집중되며 도시 전체의 불

균형이 심화되었다는 지적도 있다. 2025년 현재 진행 중인 9억 달러 규모의 하버플레이스 재개발 프로젝트는 이러한 비판을 반영해 주민 접근성 향상, 녹지 확대, 프로그래머블 공공 공간 조성을 강조한다. 2026년 가을 착공 예정인 이 프로젝트는 볼티모어가 여전히 균형점을 찾아가는 과정에 있음을 보여준다.

미래 도시적 관점에서 볼티모어는 70억 달러 규모의 10년 다운타운 전환 계획을 발표했다. 주거, 레스토랑, 소매, 오피스 빌딩을 추가하며 24시간 활력 있는 도심을 만들겠다는 야심이다. 볼티모어 페닌슐라 같은 대규모 복합개발과 함께, 소규모 커뮤니티 기반 프로젝트도 병행하며 다층적 재생 전략을 구사한다.

ISTP형 볼티모어가 보여주는 사람 중심 도시 콘셉트는 냉철한 구조 분석과 따뜻한 공간 감각의 조화이다. 이 도시는 감정적 향수보다 실용적 가능성을 먼저 묻는다. 낡은 건물은 보존 가치가 있는가, 재사용이 경제적으로 타당한가, 지역 공동체에 어떤 기능을 제공할 수 있는가. 동시에 역사적 물질성, 공간의 스케일, 항구의 감각을 존중하며 새로운 용도에 녹여낸다. 볼티모어의 교훈은 명확하다. 도시 재생은 거창한 비전보다 구조적 정밀함과 실용적 실험의 축적이며, 완벽한 마스터플랜보다 끊임없이 조정하는 유연성이 중요하다는 것. 낡음을 다시 쓰는 방법은 그것을 박제하는 것도, 무조건 허무는 것도 아니라, 그 안에서 여전히 작동 가능한 구조를 찾아내고 새로운 감각으로 채워 넣는 일이다.

ENFP
영국 리버풀

ENFP 창의적·열정적 촉진자.

- Ⓔ 외향적
- Ⓝ 직관·미래 지향
- Ⓕ 감정·공감
- Ⓟ 즉흥·유연

영국 리버풀은 한때 대영제국의 관문이었다. 19세기 대서양 무역의 중심지로 번영한 세계 최대 항구 도시 중 하나였지만, 20세기 중반 제조업 쇠퇴와 항만 기능 약화로 급격히 몰락했다. 1972년 알버트 독이 폐쇄되자 버려진 창고와 우범지대가 도시를 뒤덮었고, 인구는 절반 가까이 감소했다. 그러나 리버풀은 이 위기를 감성과 문화로 돌파했다. 도시의 역사적 자산과 비틀즈라는 문화유산을 발견하고, 시민들과 함께 꿈꾸며, 새로운 가능성을 실험하는 열정적 접근을 선택했다. 이것이 바로 ENFP형 도시의 재생 방식이다.

ENFP는 재기발랄한 활동가형으로 불리며, 사람과의 연결을 중시하고 창의적 가능성을 탐색하는 성향이다. 감정과 직관을 동원해 문제를 해결하며, 공동체에 열정을 불어넣는 능력이 탁월하다. 리버풀의 도시 재생은 정확히 이러한 특성을 보여준다. 1981년 머지사이드 개발공사가 설립되며 알버트 독 재생이 시작되었다. 10년간 방치되었던 이곳은 철거 대신 복원을 선택했고, 1988년 테이트 리버풀, 머지사이드 해양박물관, 비틀즈 스토리 같은 문화시설로 재탄생했다. 단순한 건물 리모델링이 아니라, 도시의 기억과 감성을 보존하며 새로운 이야기를 덧씌우는 문화 주도 재생이었다.

리버풀 재생의 결정적 전환점은 2008 유럽 문화 수도 지정이었다.

이 과정에서 가장 중요했던 것은 시민 참여였다. 리버풀은 관 주도 대신 시민들이 함께 유치 활동에 동참하고, 문화 프로그램을 기획하며, 자원 봉사로 운영에 참여하는 구조를 만들었다. 2008년 한 해 동안 1,000만 명 이상이 리버풀의 문화 행사에 참석했고, 7억 5,380만 파운드의 경제 효과를 창출했다. 하지만 진짜 성과는 숫자가 아니었다. 자원 봉사자들은 문화 참여를 통해 자신감과 기술을 개발했고, 리버풀 시민 스스로가 도시에 대한 자긍심을 회복했다. 이는 전형적인 ENFP형 접근으로, 사람들에게 영감을 주고 공동체의 열정을 촉발시켜 변화를 만들어낸 것이다.

문화 예술 측면에서 리버풀은 비틀즈 유산을 핵심 자산으로 활용했다. 연간 80만 명 이상이 비틀즈 관련 관광으로 리버풀을 찾으며, 매년 2,000만 파운드 이상의 관광 수익을 창출한다. 캐번 클럽, 페니 레인, 스트로베리 필즈 같은 비틀즈 성지는 단순한 관광지가 아니라, 리버풀의 음악 문화와 창의성을 상징하는 공간으로 재해석되었다. 리버풀대학교는 비틀즈 레거시 석사과정을 개설해 대중음악 연구와 창조 산업 인재 양성을 연결하며, 과거의 유산을 미래 지향적으로 재구성했다. 이는 ENFP의 특징인 과거와 미래를 창의적으로 연결하는 능력의 발현이다.

산업적 측면에서는 발틱 트라이앵글이 주목할 만하다. 도심 남쪽 37.6헥타르에 펼쳐진 이 지역은 19세기 창고 지대였으나 완전히 버려졌다가, 2010년대 창조 산업 허브로 재탄생했다. 발틱 크리에이티브는 18개의 창고와 창고를 구입해 디지털과 창작 기업을 위한 사무 공간으로 전환했고, 1억 9,000만 파운드가 투입된 재생 사업을 통해 현재 500개 이상의 기업과 3,000명 이상의 인력이 일하고 있다. 중요한 것은 이 재생이 대기업 주도가 아니라, 소규모 스타트업과 창작자 커뮤니티가 유기적으로 성장하는 방식으로 이뤄졌다는 점이다. 카페, 갤러리, 공연장, 스튜디오가 자연스럽게 어우러지며 독특한 창조 생태계를 형성했다.

디자인적 측면에서 리버풀의 전략은 헤리티지 주도 재생이었다. 리버풀은 2004년 유네스코 세계문화유산으로 지정되었고, 이 역사적 가치를 도시 재생의 근간으로 삼았다. 2020년 발표된 발틱 트라이앵글 전략적 재생 프레임워크는 개발을 제한하는 도구가 아니라, 지역의 특성과 외관을 존중하며 지속가능한 경제 성장을 촉진하는 가이드라인으로 설계되었다. 2025년 현재 진행 중인 워터프런트 트랜스포메이션 프로젝트는 10억 파운드가 투입되어 로열 알버트 독과 만 아일랜드 사이 공간을 재구상하며, 지역 커뮤니티와 워터프런트를 다시 연결하는 것을 목표로 한다.

미래 도시적 관점에서 리버풀 워터스는 가장 야심찬 프로젝트다. 60헥타르 규모의 북부 독지역을 30년에 걸쳐 전환하는 이 계획은 주거, 상업, 문화, 레저가 혼합된 세계적 수준의 지속가능한 복합단지를 목표로 한다. 2025년 10월 착공한 센트럴 독스는 이 마스터플랜의

핵심으로, 도시와 항구를 다시 연결하고 산책로를 개선하는 데 중점을 둔다. 리버풀은 또한 디지털과 창조산업을 경제 동력으로 육성하며, 리버풀 원 같은 대형 복합쇼핑센터를 통해 42에이커의 유휴지를 활성화했다.

그러나 리버풀의 재생도 완벽하지는 않다. 2021년 유네스코는 워터프런트 신개발이 역사적 가치의 심각한 훼손과 비가역적 손실을 초래했다며 세계문화유산 지위를 박탈했다. 개발과 보존의 균형을 잃었다는 비판이다. 또한 재생 혜택이 도심에 집중되며 주변부 커뮤니티는 소외되었다는 지적도 있다. 젠트리피케이션으로 원주민이 밀려나고 부동산 가격이 급등하는 문제도 여전히 진행 중이다.

ENFP형 리버풀이 보여주는 사람 중심 도시 콘셉트는 감성과 이야기로 공동체를 연결하는 힘이다. 이 도시는 방치된 창고를 허물지 않고 그 안에 담긴 기억을 꺼내 새로운 이야기로 엮었다. 비틀즈의 노래가 울려 퍼졌던 골목을, 노동자들이 땀 흘렸던 독을, 무역선이 드나들던 항구를 단순한 과거가 아니라 현재와 미래를 잇는 감정의 매개로 전환했다. 낡음을 다시 쓰는 방법은 구조와 기능을 바꾸는 것만이 아니라, 그곳에 살았던 사람들의 이야기를 발견하고 다음 세대가 그 이야기를 이어갈 수 있도록 감정적 연결고리를 만드는 일이다. 리버풀의 교훈은 명확하다. 도시 재생은 건물이 아니라 사람의 이야기를 재생하는 것이며, 가장 강력한 도시 재생 동력은 시민들이 자신의 도시를 사랑하고 함께 꿈꾸는 열정이라는 것.

INFP

포르투갈 리스본

INFP 이상주의·가치 중심. 내면 열정 강함.

- Ⓘ 내향적
- Ⓝ 직관·상상
- Ⓕ 감정·가치
- Ⓟ 융통성

포르투갈 리스본은 서유럽에서 가장 오래된 도시 중 하나이다. 켈트족과 페니키아인 이후 2,000년 넘게 이어진 역사는 1755년 11월 1일, 진도 9.0의 대지진으로 한순간에 무너졌다. 도시의 85%가 파괴되었고, 예배 중이던 대성당과 수도원이 집중적으로 붕괴하며 수만 명이 목숨을 잃었다. 그러나 리스본은 이 폐허에서 단순히 새로운 도시를 세우지 않았다. 사라진 것들의 기억을 보존하며, 미래를 위한 안전한 구조를 창조하고, 그 둘을 조화롭게 엮어냈다. 이것이 바로 INFP형 도시의 재생 철학이다.

INFP는 이상주의자형으로 불리며, 내면의 가치와 의미를 중시하고 조화로운 관계를 추구하는 성향이다. 겉으로 드러나는 화려함보다 깊이 있는 이야기와 진정성을 소중히 여기며, 과거와 현재를 감성적으로 연결하는 능력이 탁월하다. 리스본의 도시 재생은 정확히 이러한 특성을 보여준다. 1755년 대지진 이후 폼빌 후작이 주도한 재건은 역사상 최초의 내진 건축 시스템인 폼발리나 가이올라를 개발했다. 나무 골조를 X자로 교차시켜 지진 충격을 흡수하는 이 구조는 과학적 혁신이자, 시민들을 보호하려는 이상주의적 가치가 건축으로 구현된 사례다. 바이샤 지구의 격자형 도로와 균일한 건물 높이는 효율성만이 아니라, 모든 시민이 동등한 공간에서 안전하게 살아야 한다는 철학을 담고 있다.

교육적이자 문화적 측면에서 리스본은 기억을 보존하는 데 집중한다. 국립 아줄레주 박물관은 1509년 성모 수도원 건물을 1960년대부터 박물관으로 전환하며, 13세기부터 이어진 포르투갈 고유의 타일 예술을 보존하고 연구한다. 아줄레주는 단순한 장식물이 아니라 리스본의 정체성이다. 도시 곳곳의 벽면, 계단, 광장을 장식하는 푸른 타일은 항해 시대의 향수와 이슬람 문화의 영향, 대지진 이전 리스본의 모습을 기록한 시각적 아카이브다. 특히 23m 길이의 대 파노라마는 1700년 리스본의 해안선 14km를 세밀하게 묘사해 사라진 궁전, 교회, 수도원, 주택들을 보여주며, 도시의 집단 기억을 시각화한다. 리스본시는 아줄레주 도난과 도시개발로 인한 파괴를 막기 위해 아줄레주 탐정단을 운영하며 복원 프로젝트를 진행한다.

파두 음악은 리스본의 감성적 정체성을 대변한다. 사우다드, 즉 향수와 그리움을 노래하는 파두는 알파마와 무라리아 같은 역사적 동네의 작은 카사 드 파두에서 여전히 울려 퍼진다. 이곳은 단순한 공연장이 아니라, 리스본 서민들의 일상과 감정이 살아 숨 쉬는 공간이다. 알파마는 리스본에서 가장 오래된 지구로, 무어인 시대의 미로 같은 골목과 좁은 계단, 오래된 가옥이 그대로 보존되어 있다. 관광지화 압력 속에서도 이 동네는 여전히 주민들이 거주하며 빨래를 널고, 창가에 화분을 놓고, 저녁이면 파두를 듣는 일상이 이어진다. 이는 리스본이 역사 보존을 박물관화가 아니라 살아 있는 삶의 연속으로 이해하기 때문이다.

산업적 측면에서 리스본은 최근 유럽의 스타트업 허브로 부상했다. 특히 핀테크, SaaS, 관광 테크 분야에서 연간 30%씩 투자가 증가하며, 글로벌 신흥 생태계 상위 40위 안에 들었다. 베아투 지구의 유니콘 팩토리 리스본은 개방형 혁신 공간으로, 일과 여가, 문화가 얽혀 새로운 도시 동력을 창출한다. 리스본시의회와 스타트업 리스본이 공동 운영하는 크리에이티브 허브는 유럽 최대 규모 창업 거점 중 하나로, 전통 산업이 쇠퇴한 자리에 지식 경제와 창조 산업을 접목했다. 중요한 것은 리스본이 실리콘밸리를 그대로 복제하지 않고, 저렴한 생활비, 온화한 기후, 역사적 환경이라는 리스본만의 감성적 가치를 차별화 요소로 삼았다는 점이다.

디자인적 측면에서는 LX 팩토리가 대표적이다. 19세기 알칸타라 지역의 방치된 섬유 공장 단지는 2000년대 창조적 허브로 재탄생했다. 낡은 창고와 산업 건축물을 그대로 유지하며 내부를 콘셉트 스토어, 디자인 스튜디오, 레스토랑, 갤러리로 전환한 이곳은 산업 유산의 물리적 뼈대와 현대 창작자들의 상상력이 조화를 이룬다. 조약돌 길과 벽면의 거대한 그래피티, 철제 계단과 노출된 배관은 과거의 흔적을 지우지 않고 새로운 이야기를 덧씌우는 리스본식 재생의 미학을 보여준다. 2021년 ULI 유럽 우수상을 받은 이 프로젝트는 철거가 아닌 복원, 개발이 아닌 활성화를 증명했다.

무라리아 지구는 커뮤니티 주도 재생의 사례다. 2011년부터 2014년까지 리스본시의회가 주도한 도시 및 사회 재생 프로젝트는 단순히 건물을 고치는 것이 아니라, 리스본에서 가장 다문화적인 이 동네의 주민들이 참여하는 시스템적, 전략적, 참여적 접근을 취했다. 공공 공간 개선, 스토리텔링을 통한 정체성 강화, 지역 주민을 위한 생활 여건 향상이 핵심이었다. C40 학생 재창조 도시 프로젝트는 이 동네를 더 나은 삶의 공간으로 만들기 위해 지속가능한 인프라와 커뮤니티 중심 설계를 결합했다.

그러나 리스본의 재생도 완벽하지 않다. 스타트업 붐과 관광객 급증으로 오버투어리즘과 젠트리피케이션이 심화되고 있다. 숙박비는 급등하고, 주민들은 에어비앤비로 전환된 주택 때문에 거주지를 떠나며, 알파마와 바이샤 같은 역사적 동네는 관광객만을 위한 무대로 변하고 있다. 일상 편의시설이 관광 상업시설로 대체되고, 소음과 혼잡으로 주거 환경이 훼손되고 있다. 리스본시는 단기 임대 제한, 주거지역 보호 구역 지정, 적정 관광객 규모 산정 등의 대책을 모색하지만, 관광 의존 경제 구조에서 벗어나기는 쉽지 않다.

INFP형 리스본이 보여주는 사람 중심 도시 콘셉트는 시간의 흔적을 감추지 않고 존중하는 태도이다. 리스본은 대지진의 폐허를, 낡은 타일을, 비좁은 골목을, 버려진 공장을 완벽한 새것으로 교체하지 않았다. 오히려 그 안에 담긴 기억과 이야기를 발굴하고, 그것이 현재를 살아가는 사람들에게 어떤 의미를 줄 수 있는지 질문했다. 아줄레주 타일 하나하나에는 장인의 손길과 시간의 흔적이 있고, 파두 한 곡에는 노동자의 애환이 서려 있으며, LX 팩토리의 철제 기둥에는 산업

시대 노동자들의 땀이 배어 있다. 낡음을 다시 쓰는 방법은 그것을 미화하거나 박제하는 것이 아니라, 그 안에 담긴 인간의 이야기를 경청하고 다음 세대에게 전달할 수 있는 언어로 번역하는 일이다. 리스본이 우리에게 주는 교훈은 명확하다. 도시 재생의 진정한 가치는 개발 규모나 경제 효과가 아니라, 기억과 현실이 조화를 이루며 사람들이 여전히 자신의 이야기를 쓸 수 있는 공간을 지켜내는 것이라는 것.

05

교육

도시가 아이를 키우는 방식

ENTJ

서울특별시 강남구 대치동

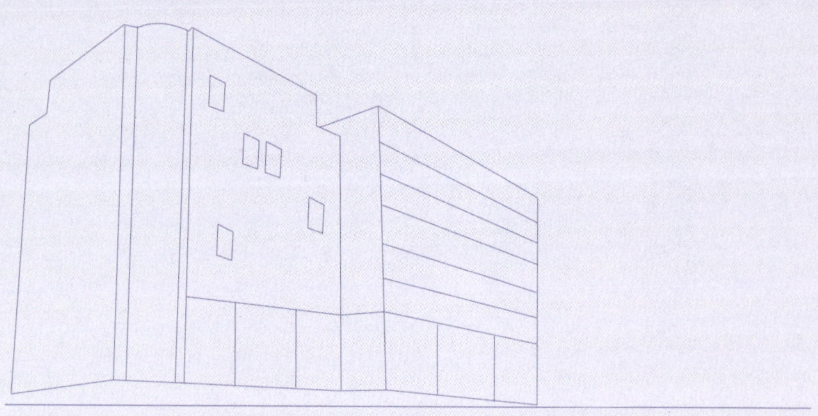

ENTJ 이상주의·가치 중심. 내면 열정 강함.

- Ⓔ 외향적
- Ⓝ 직관·미래 지향
- Ⓣ 논리 판단
- Ⓙ 계획적

서울 강남구 대치동은 대한민국 교육의 모든 모순과 욕망이 집약된 공간이다. 면적 2km² 남짓한 이 작은 동네에 1,666개의 학원이 밀집해 있고, 2023년 기준 대치1동의 학원 밀집도는 61.8로 4년 연속 서울시 1위를 기록했다. 대치동과 목동 상위 2곳의 학원 매출이 서울시 전체 학원 매출의 31.75%를 차지하며, 대치동 단일 학원 중 연 매출 3,600억 원을 넘는 곳도 존재한다. 이 압도적 숫자들은 대치동이 단순한 주거지가 아니라, 명확한 목표와 체계적 시스템으로 작동하는 교육 산업 클러스터임을 증명한다. 이것이 바로 ENTJ형 도시의 본질이다.

ENTJ는 통솔자형으로 불리며, 명확한 목표 설정, 전략적 계획, 효율성 극대화, 경쟁을 통한 성과 창출을 특징으로 한다. 감정보다 논리, 과정보다 결과, 평등보다 실력을 우선하며, 시스템을 구축하고 최적화하는 능력이 탁월하다. 대치동의 교육 생태계는 정확히 이러한 ENTJ 특성을 구현한다. 이곳에서 교육은 아이의 전인적 성장이나 행복보다, SKY 입학이라는 명확한 목표를 향한 전략적 프로젝트로 설계된다. 6세에 사고력 수학으로 시작해, 초등 4학년에 교과 수학으로 전환하고, 중학교 때 선행을 마치며, 고등학교에서 실전을 다지는 로드맵은 치밀하게 체계화되어 있다.

　산업적 측면에서 대치동은 교육을 완벽하게 상품화했다. 시대 인재는 2014년 설립 후 10년 만에 연 매출 3,300억 원, 영업 이익 355억 원을 기록하며 7년 연속 사상 최대치를 갱신했다. 에스원, 대찬학원, 새움학원 등을 인수하며 빠르게 규모를 키운 이 학원은 오로지 오프라인만으로 거둔 성과여서 더욱 놀랍다. 대치동에는 월 수입 1억 원을 넘는 스타 강사가 수두룩하지만, 동시에 월 100만~150만 원을 받는 가난한 강사도 적지 않다. 이는 대치동이 철저한 성과주의와 시장 논리로 작동하는 교육 자본주의의 최전선임을 보여준다. 학원은 브랜드화되고, 강사는 스타 시스템으로 평가되며, 학생과 학부모는 소비자로서 선택권을 행사한다.

　공간 디자인적 측면에서 대치동은 교육 목적에 최적화된 구조를 갖췄다. 한티역에서 은마아파트 사거리, 대치역과 도곡역 사이의 도곡

로변에 학원들이 집중 배치되어 있다. 이동 동선을 최소화하고 정보 네트워크 접근성을 극대화한 설계이다. 은마아파트는 1979년 준공된 46년 된 노후 아파트지만, 대치 학원가와 맞닿은 입지 덕분에 40억 원을 호가한다. 아파트 가치는 건물 자체가 아니라 교육 인프라와의 물리적 거리로 결정된다. 대치동 부동산의 핵심 가치는 최고 수준 학원가와의 접근성, 교육 정보 네트워크 참여 가능성, 동일한 교육 목표를 공유하는 커뮤니티 소속감에서 나온다. 이는 도시 공간이 순수하게 기능적 효율성을 기준으로 재편된 사례다.

교육적 측면에서 대치동은 정보와 노하우의 집약체다. 대치동이 단순히 학원이 많은 곳을 넘어서는 이유는, 입시 정책 변화에 가장 빠르게 적응하고 진화하는 시스템을 갖췄기 때문이다. 의대 정시 모집 합격자 중 절반가량을 배출했다고 알려진 대형 학원은 2019년 18개였던 분원이 4년 새 40개로 늘었다. 코로나19 속에서도 대치동 학원 수는 1,381개에서 1,666개로 증가했다. 이는 위기를 기회로 전환하는 ENTJ형 특성의 발현이다. 대치동 학부모 커뮤니티는 실시간으로 입시 정보를 교환하고, 학원 평가 데이터를 공유하며, 자녀의 학습 성과를 벤치마킹한다. 이른바 대치동 돼지엄마는 비하 표현이 아니라, 목표 달성을 위해 모든 자원을 투입하는 전략가의 다른 이름이다.

그러나 대치동 시스템의 문제점은 명확하다. 4세 고시, 7세 고시라는 신조어가 등장할 정도로 유아기부터 과도한 사교육이 시작되며, 이는 뇌 발달에 부정적 영향을 줄 수 있다는 연구 결과가 있다. 창의

성과 자기 주도성은 억압되고, 학습은 불안에 대한 보험이 되며, 교육은 생존 경쟁으로 왜곡된다. 학교 교육은 무력화되고, 교사의 권위는 실추되며, 공교육에 대한 불신은 더욱 심화된다. 2024년 사교육비 총액은 29조 원을 돌파했고, 이는 가계 부담을 폭증시키며 교육 양극화를 고착화한다. 대치동에 접근할 수 없는 가정의 아이들은 출발선부터 뒤처지고, 교육 불평등은 사회적 역동성을 저하시킨다.

미래 도시적 관점에서 대치동은 지속가능하지 않다. 학령인구 감소에도 불구하고 대치동 쏠림이 더 커진다는 것은 역설적이다. 교육이 입시 경쟁의 도구로만 기능할 때, 아이들은 번아웃되고, 부모는 경제적으로 파산하며, 사회는 저출산과 수도권 집중이라는 대가를 치른다. 대치동은 효율적이지만 인간적이지 않고, 체계적이지만 건강하지 않으며, 목표지향적이지만 행복하지 않은 교육 모델의 극단을 보여준다.

ENTJ형 대치동이 보여주는 사람 중심 도시 콘셉트는 역설적으로 사람을 수단화한다는 점이다. 이곳에서 아이는 프로젝트의 주체가 아니라 객체이며, 교육은 성장이 아니라 투자이고, 성공은 자기실현이 아니라 타인과의 비교다. 도시가 아이를 키우는 방식은 그 도시의 가치관을 드러낸다. 대치동은 경쟁 시스템을 극단까지 밀어붙여 교육적 콘텐츠를 생산하지만, 동시에 교육의 본질을 상실했다. 진짜 사람 중심 도시는 모든 아이가 자신의 속도로 성장할 수 있는 환경을 제공하고, 실패를 용인하며, 다양성을 존중하는 곳이어야 한다. 대치동의 교훈은 명확하다. 시스템의 효율성이 인간의 행복을 보장하지 않으며, 목표 달성이 삶의 의미를 만들어주지 않는다는 것. 우리는 대치동을 부러워하기 전에, 우리 아이들이 정말로 원하는 것이 무엇인지, 그리고 도시가 아이를 키운다는 것이 무엇을 의미해야 하는지 질문해야 한다.

ISFJ

서울특별시 노원구 중계동

ISFJ 헌신적·보호자형. 섬세하고 책임감 강함.

- Ⓘ 내향적
- Ⓢ 사실·현실 중심
- Ⓕ 감정·가치
- Ⓙ 계획적

서울 노원구 중계동은 대한민국에서 가장 균형 잡힌 교육 도시다. 5.22km²에 10만 명 이상이 거주하는 이 동네는 대치동처럼 화려하지도, 목동처럼 브랜드화되지도 않았지만, 서울 3대 학원가 중 하나로 꾸준히 자리를 지킨다. 은행사거리를 중심으로 약 621개의 학원이 밀집해 있으며, 학원 밀집도는 서울시 3위를 기록한다. 중요한 것은 숫자가 아니다. 중계동은 교육 열정과 생활 안정, 경쟁과 배려, 성과와 과정 사이에서 가장 건강한 균형을 유지하는 곳이다. 이것이 바로 ISFJ형 도시의 본질이다.

ISFJ는 수호자형으로 불리며, 안정과 조화를 중시하고 책임감 있게 주어진 역할을 수행하는 성향이다. 화려한 혁신보다 꾸준한 실천을, 극단적 경쟁보다 안정적 성장을, 개인의 성취보다 공동체의 조화를 우선한다. 실용적이고 헌신적이며, 타인을 배려하는 따뜻함을 지녔다. 중계동의 교육 생태계는 정확히 이러한 ISFJ 특성을 구현한다. 이곳은 대치동처럼 연 3,600억 원을 버는 메가 학원도, 월수입 1억 원 스타 강사도 없지만, 대신 10년, 20년 한자리를 지키며 아이들을 성실하게 가르치는 중소형 학원과 헌신적인 강사들이 있다.

교육적 측면에서 중계동의 가장 큰 특징은 입시 위주보다 균형 잡힌 학습 환경이다. 대치동이 수능을 겨냥한 전국 일타강사들과 입시

위주 대형 학원으로 집중된 반면, 중계동은 상대적으로 외국어 학원 비중이 크고 영재교육과 특목고 준비 학원이 발달했다. 서울과학고가 인근에 위치하며 영재교육의 전통이 있고, 중계동 학원가는 특목고 중심 학원가로 성장해 왔다. 이는 단기적 입시 성과보다 장기적 학습 역량을 중시하는 접근이다. 중계동 학부모들은 대치동 돼지엄마처럼 극단적 교육 투자를 하기보다, 아이의 적성과 속도를 존중하며 꾸준히 지원하는 실용적 양육 태도를 보인다.

산업적 측면에서 중계동은 가성비 교육 시장의 대표 주자다. 강력하고 질 좋은 교육 환경을 합리적인 거주 비용으로 제공한다는 점에서 중계동은 서울 지역 가성비 최고 학군으로 평가받는다. 대치동 학원비가 과목당 월 30만~50만 원인 것에 비해, 중계동은 상대적으로 저렴하면서도 수준 높은 교육을 제공한다. 중계동 학원들은 대형 프랜차이즈보다 지역 밀착형 중소 학원이 많으며, 오랜 기간 학생과 학부모의 신뢰를 쌓아온 곳들이다. 교육 서비스 만족도와 선생님에 대한 만족도가 높은 것은 학원이 학생을 상품으로 보지 않고, 오래 함께 성장할 대상으로 보기 때문이다.

공간 디자인적 측면에서 중계동은 대규모 주거단지와 교육 인프라가 조화를 이룬다. 중계주공아파트 2단지, 5단지, 7단지 등 1,800~2,000세대 규모의 대단지들이 밀집해 있으며, 이들은 30년 이상 된 노후 아파트지만 교육 환경 덕분에 꾸준한 수요를 유지한다. 중계무지개아파트, 중계목련아파트, 그린아파트 등이 중계역 인근에 위치하며 교통 접근성도 좋다. 중요한 것은 이 아파트들이 투기적 자산이 아니라 실거주 중심의 안정적 주거 공간이라는 점이다. 아이들이 뛰어놀 수 있는 단지 내 공원, 도서관, 커뮤니티 시설이 잘 갖춰져 있고, 유해시설이 없는 쾌적한 주거환경을 제공한다.

중계동의 교육 문화는 커뮤니티 중심이다. 학원 정보는 학부모 커뮤니티를 통해 공유되지만, 대치동처럼 실시간 입시 전략을 교환하는 치열함보다는 서로의 경험을 나누고 위로하는 온화함이 있다. 중계동 학부모들은 아이가 남보다 앞서가는 것보다, 자기 속도로 꾸준히 성장하는 것을 더 중요하게 여긴다. 사교육을 받되 과도하지 않게, 경쟁을 하되 건강하게, 성과를 내되 과정을 존중하는 문화이다. 이는 ISFJ의 핵심 가치인 조화와 배려가 교육 철학으로 구현된 것이다.

공공 교육 인프라도 탄탄하다. 노원구는 교육 문화 도시로서 확고한 정체성을 가지고 있으며, 중계동에는 양질의 공립 초중고교가 위치한다. 중원중, 상명중, 을지중, 중계중, 상계제일중, 재현중 등 관내 중학교들이 북부 3학교군에 속하며, 공교육과 사교육이 대립하기보다 상호 보완하는 관계를 유지한다. 노원구는 지역 간 균형 있는 청소년 공간 확충을 위해 상계청소년문화의집 같은 공공시설에 투자하며, 교육을 단순히 입시 경쟁이 아니라 지역사회가 함께 키우는 과정으로 이해한다.

미래 도시적 관점에서 중계동은 지속가능한 교육 모델을 제시한다. 동북선 경전철 개통은 중계동을 서울 동북부 권역 교육 지향 주거지의 베스트로 만들 것으로 예상된다. 재건축 이슈도 진행 중이지만, 중계동의 진짜 가치는 건물 신축이 아니라 안정적 교육 커뮤니티에 있다. 학령인구가 감소하는 시대에도 중계동은 꾸준한 수요를 유지하는데, 이는 극단적 경쟁이 아니라 지속가능한 균형을 제공하기 때문이다.

그러나 중계동도 완벽한 것만은 아니다. 대치동에 비해 최상권 학생 비율이 낮고 학원 선택의 폭이 좁다는 평가를 받는다. 일부 학부모들은 중계동을 거쳐 결국 대치동으로 이동하며, 중계동이 대치동의 대안이 아니라 징검다리라는 인식도 존재한다. 또한 합리적이라는 것이 때로는 안주로 읽히기도 하며, 안정 지향이 도전 정신 부족으로 비춰질 위험도 있다.

ISFJ형 중계동이 보여주는 사람 중심 도시 콘셉트는 극단을 피하고 중심을 지키는 지혜다. 도시가 아이를 키우는 방식은 그 도시가 무엇을 가치 있게 여기는지 드러낸다. 중계동은 모든 아이가 1등이 되어야 한다고 강요하지 않는다. 대신 각자의 자리에서 성실하게 노력하면, 공동체가 그 노력을 지지하고 결실을 맺도록 돕는다. 화려한 스타보다 묵묵한 장인을, 폭발적 성장보다 꾸준한 축적을, 개인의 승리보다 함께하는 성장을 선택한다. 이것이 바로 교육과 생활의 이상적인 밸런스다. 중계동의 교훈은 명확하다. 아이를 키우는 데 가장 필요한 것은 최고의 학원이나 가장 비싼 아파트가 아니라, 아이의 속도를 존중하고 과정을 응원하는 안정적이고 따뜻한 커뮤니티라는 것. 우리 사회가 대치동만을 꿈꾼다면, 중계동 같은 균형 잡힌 도시는 더욱 소중한 대안이 될 것이다.

ESTJ

서울특별시 양천구 목동

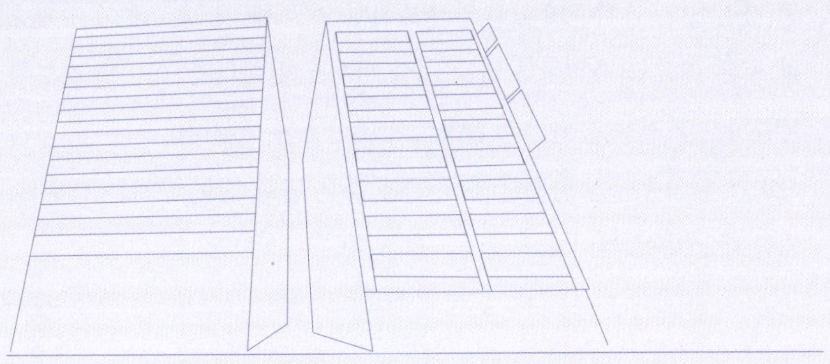

ESTJ 조직 관리자형. 규율·효율 중심.

- Ⓔ 외향적
- Ⓣ 논리 판단
- Ⓢ 현실·감각 중심
- Ⓙ 계획·통제

　　1980년대 서울 서남권에 탄생한 목동신시가지는 체계와 실용성을 기반으로 설계된 계획도시다. 14개 단지로 구성된 대규모 아파트 단지, 반듯하게 뻗은 도로망, 공원과 학교가 균형 있게 배치된 공간 구조는 목동이 처음부터 질서정연한 도시 시스템을 지향했음을 보여준다. 이러한 특성은 MBTI의 ESTJ 유형이 가진 체계성, 실용성, 규칙 지향성과 정확히 맞닿아 있다. ESTJ형 인물이 명확한 목표와 효율적인 프로세스를 중시하듯, 목동은 계획된 질서 속에서 교육이라는 명확한 목적을 향해 나아가는 도시다.

　　목동의 교육 환경을 들여다보면 이 도시가 얼마나 실용적 사고로 설계되었는지 알 수 있다. 1,027개의 학원이 밀집한 서울 2위 학원가지만, 대치동과는 확연히 다른 방식으로 작동한다. 대치동이 1,666개 학원으로 극단적 경쟁을 부추긴다면, 목동은 적절한 규모의 학원 시스템으로 효율성을 추구한다. 양정중학교의 특목고·자사고 진학률 46.8%는 전국 상위 1%에 해당하는 수치지만, 이것이 과도한 사교육비나 학생들의 번아웃으로 이어지지 않는다. 목동 학부모들 사이에서는 "자식을 이기는 학부모라야 자식을 좋은 학교 보낸다"는 실용적 교육관이 통용된다. 이는 맹목적 투자가 아니라 효율적 관리가 중요하다는 인식의 표현이다.

ESTJ의 가장 큰 강점은 공동체 질서를 유지하고 책임감 있게 시스템을 운영하는 능력이다. 목동이 교육 도시로 성공한 비결도 바로 여기에 있다. 개별 가정의 무한 경쟁이 아니라, 학교 공동체 책임 규약 캠페인처럼 함께 만들어가는 건강한 교육 문화가 자리 잡았다. 학부모들은 상호 보완적 관계를 형성하며 정보를 공유하고, 학원가는 입시 위주가 아닌 특목고 중심으로 차별화된 서비스를 제공한다. 외국어 학원 비중이 높고 초등·중등 교육에 강한 구조는 장기적 안목에서 기초를 다지는 실용적 접근이다.

공간 디자인 측면에서 목동은 계획 도시의 장점을 극대화한 사례다. 목동광장과 오목교역을 중심으로 형성된 학원가는 접근성이 뛰어나고, 단지 내부는 풍부한 녹지율과 산책로로 조용한 주거 환경을 제공한다. 이대목동병원, 홈플러스 같은 생활 편의 시설이 인접해 있어 교육과 생활이 분리되지 않는다. ESTJ가 실용성을 중시하듯, 목동의 공간 구조는 거주민의 일상적 필요를 체계적으로 충족시킨다. 외지인 유입이 적고 치안이 우수한 것도 안정적 커뮤니티가 유지되는 결과다.

산업적 관점에서 목동의 교육 시스템은 지속가능한 모델이다. 대치동처럼 고비용 구조로 소수만 감당할 수 있는 것이 아니라, 학원비가 더 저렴하면서도 높은 진학률을 달성한다. 이는 불필요한 낭비를 줄이고 효율을 극대화하는 ESTJ형 사고의 전형이다. 목동의 학원들은 브랜드나 마케팅보다 실질적 성과로 경쟁하며, 학부모들은 과시적 소비가 아닌 합리적 선택으로 대응한다. 이런 구조는 중산층 가정에도 교육 기회를 열어주며, 교육을 통한 계층 이동 가능성을 현실화한다.

미래 도시적 측면에서 목동은 중요한 전환점에 서 있다. 현재 1, 2, 3, 8, 9, 11, 12단지 등 다수 단지가 재건축을 진행 중이며, 공공 보행통로 조성과 기반 시설 정비가 예정되어 있다. 40년 가까이 유지해 온 계획 도시의 골격을 최신 도시계획 이론으로 업그레이드하는 과정이다. ESTJ가 변화에 저항하기보다 필요하다면 체계적으로 개선하듯, 목동은 검증된 장점을 보존하면서 새로운 요구를 수용한다. 재건축 과정에서도 기존 커뮤니티를 해체하지 않고, 공동체 질서를 유지하며 진화하는 방식을 택하고 있다.

목동이 제시하는 교육 도시의 미래는 명확하다. 대치동처럼 극단적 경쟁으로 소수의 승자를 만드는 것도, 중계동처럼 안정 속에서 균형을 지키는 것도 아니다. 목동은 공동체가 함께 유지하는 실용적 질서 속에서, 효율적이면서도 지속가능한 교육 시스템을 구축한다. 학부모들은 개별적으로 싸우지 않고 협력하며, 학원가는 과열되지 않으면서도 성과를 내고, 도시 공간은 교육과 생활을 조화롭게 담아낸다.

도시가 아이를 키우는 방식은 다양하다. 목동이 선택한 방식은 체계와 실용성, 그리고 공동체 책임이다. ESTJ형 도시답게 목동은 감성이나 이상보다 작동하는 시스템을 만드는 데 집중한다. 그 시스템은 누구도 배제하지 않으며, 함께 규칙을 지키는 사람들에게 공정한 기회를 제공한다. 재건축을 거쳐 새롭게 태어날 목동이 여전히 이 실용적 질서를 유지한다면, 한국 교육 도시의 가장 건강한 모델로 자리 잡을 것이다. 경쟁과 균형을 넘어서, 공동체가 함께 만들어가는 교육의 미래가 목동에서 시작된다.

INFJ

핀란드 오울루

INFJ 통찰력·가치 지향. 조용한 비전가

- ⓘ 내향적
- Ⓝ 직관·미래 지향
- Ⓕ 감정·가치
- Ⓙ 계획적

핀란드 북부, 헬싱키에서 500km 떨어진 인구 21만의 도시 오울루는 겉으로 보기엔 평범한 중소 도시다. 하지만 이곳은 교육이 단순히 학교 안에 머무르지 않고 도시 전체의 운영 원리가 된 특별한 사례다. MBTI의 INFJ 유형이 가진 통찰력, 이상주의, 그리고 내면의 가치를 현실에서 구현하려는 성향처럼, 오울루는 교육이라는 이상을 도시의 모든 영역에서 실천한다. 유니세프로부터 세 차례나 아동 친화 도시 인증을 받은 오울루에서 교육은 제도가 아니라 도시가 숨 쉬는 방식 그 자체다.

오울루 교육의 핵심은 교사다. 핀란드에서 교사가 되려면 석사학위가 필수이며, 교사 양성과 경력 개발에 들어가는 비용은 시험 비용의 10배에 달한다. 오울루대학교는 교육학부와 교사 양성 연구 기관을 갖추고 있으며, 마을 곳곳의 작은 학교에서도 고도로 훈련된 전문 교사들이 교육을 책임진다. 이들은 시험 성적을 올리는 기술자가 아니라, 아이 한 명 한 명의 내면을 읽어내고 장기적 성장을 설계하는 교육자다. INFJ가 타인의 잠재력을 꿰뚫어보고 그것을 실현하기 위해 헌신하듯, 오울루의 교사들은 학생 개개인의 가능성을 발견하고 키워내는 데 집중한다.

교사에게 주어지는 자율성은 놀라울 정도다. 교장은 행정 업무를 전담하고 교사는 오직 수업에만 집중한다. 교육청과 지자체가 학교 설립과 운영을 지원하며, 교사들은 교실에서 상당한 재량권을 누린다. 한 학급당 학생 수는 18명에서 22명이며, 담임교사 외에 보조교사 1~2명이 배치된다. 교사 휴게실은 대규모로 설계되어 교사들이 서로 대화하고 협력할 수 있는 공간이 보장된다. 이는 교사를 단순 노동자가 아닌 전문가로 신뢰하고 존중하는 시스템이다. INFJ가 자신의 가치관에 따라 일할 때 가장 큰 힘을 발휘하듯, 오울루의 교사들은 외부의 압박 없이 자신의 교육 철학을 실현한다.

　교육적 측면에서 오울루는 성공보다 성장을 가르친다. 핀란드 교육 시스템은 외부 평가나 가시적 성취보다 교사와 학생 모두의 내적 성장을 존중한다. 도시와 지방 간 교육 격차는 단 8%로, 오울루 같은 지방 도시에서도 헬싱키와 동등한 수준의 교육이 이뤄진다. 담임교사는 여러 해 동안 같은 학생을 지켜보며 장단점을 파악하고, 학생의 문제나 일상을 이메일로 공유하며 가정과 긴밀히 협력한다. 이는 단기적

성과가 아니라 학생의 전 생애를 조망하는 장기적 비전에 기반한 접근이다. INFJ가 사람의 변화를 서두르지 않고 인내심 있게 기다리듯, 오울루의 교육은 천천히, 그러나 확실하게 아이를 성장시킨다.

산업적 측면에서 오울루는 교육과 혁신이 선순환하는 모델을 보여준다. 노키아 몰락 이후 오울루는 3년 만에 500개의 스타트업을 탄생시키며 IT 산업 도시로 재도약했다. 오울루 테크노폴리스에는 70여 개 첨단 기업이 밀집해 있고, 핀란드 전체 첨단 기술 종사자의 20%가 이 작은 도시에 모여 있다. 이는 오울루대학교를 중심으로 한 인재 양성 시스템과 직결된다. 대학과 기업, 연구소, 정부가 협력하여 스타트업의 기술 개발과 실제 적용을 지원하며, 교육받은 인재가 다시 지역 산업을 발전시키는 구조다. INFJ가 자신의 통찰을 실용적 변화로 구현하듯, 오울루는 교육을 통해 경제적 전환을 이뤄냈다.

디자인적 측면에서 오울루는 아동 친화 도시의 완성형이다. 유니세프의 아동 친화 도시 모델을 도시 전체 서비스와 행정에 적용하며, 아동을 동등한 시민으로 인정한다. 아이들은 도시 서비스를 계획하고 평가하며 개발에 참여한다. 아동의 일상 경험과 의견이 도시 의사결정에 반영되고, 아동과 관련된 모든 조치는 도시 예산에 명확히 드러난다. 공원과 놀이터는 단순한 시설이 아니라 아이들이 자유롭게 성장하는 생태적·문화적 공간으로 설계된다. INFJ가 이상적 환경을 구체적으로 설계하려는 욕구를 가진 것처럼, 오울루는 아동친화라는 이상을 도시 공간으로 번역해 낸다.

미래 도시적 측면에서 오울루는 교육이 도시 재생의 엔진임을 증명한다. 노키아 의존 경제가 무너졌을 때, 오울루를 다시 일으켜 세운 것은 교육받은 인재와 혁신 생태계였다. 평균 연령 36세의 젊은 도시, 헬싱키에서 매일 20회 직항편이 연결되는 접근성, 대학과 기업이 긴밀히 협력하는 구조는 모두 장기적 교육 투자의 결과다. 오울루는 단기적 위기를 장기적 비전으로 극복했으며, 그 비전의 중심에는 교사와 학생, 아동이 있었다. INFJ가 위기 속에서도 내면의 확신을 잃지 않고 이상을 향해 나아가듯, 오울루는 흔들림 없이 교육 중심 도시의 길을 걸었다.

오울루가 제시하는 사람 중심 도시의 콘셉트는 명확하다. 교사를 신뢰하고, 아동을 동등한 시민으로 존중하며, 교육을 단순한 제도가 아니라 도시 운영의 핵심 원리로 삼는 것이다. 이는 성과를 앞세우는 시스템이 아니라 사람의 내면과 가치를 중시하는 INFJ적 접근이다.

오울루에서 교육은 학교 안에 갇히지 않는다. 거리에서, 공원에서, 기업에서, 행정에서 교육의 가치가 실현된다. 교사가 존중받고, 아이가 주인공이며, 도시 전체가 배움의 공간이 되는 곳. 오울루는 교육이 단순히 지식 전달이 아니라 도시가 숨 쉬는 방식 그 자체임을 보여준다. 이것이 INFJ형 도시 오울루가 전 세계 교육 도시에게 전하는 통찰이다.

INTJ

미국 보스턴

INTJ 전략가형. 구조화된 사고와 장기 계획.

- Ⓘ 내향적
- Ⓝ 직관·미래 지향
- Ⓣ 논리 판단
- Ⓙ 계획적

보스턴을 걷다 보면 대학과 도시의 경계가 사라진다. 보스턴 시내에만 35개, 근교를 포함하면 85개의 대학이 밀집한 이 도시는 학문이 특정 공간에 갇히지 않고 도시 전체로 확장된 사례다. MBTI의 INTJ 유형이 가진 전략적 사고, 독립적 지식 추구, 장기적 비전, 그리고 체계를 완성하려는 집념처럼, 보스턴은 400년 가까운 시간 동안 교육과 연구를 중심으로 도시를 설계하고 진화시켜 왔다. 하버드대학교(1636년 설립)와 MIT로 대표되는 이 도시는 단순히 명문 대학이 모여 있는 곳이 아니라, 학문 그 자체가 일상이 되는 지식 도시의 원형이다.

교육적 측면에서 보스턴은 지식의 생산과 유통이 하나의 생태계로 작동한다. 하버드, MIT, 보스턴대학교, 터프츠대학교 등 세계적 연구 중심대학들이 케임브리지와 보스턴에 집중되어 있으며, 이들은 각자 독립적으로 운영되면서도 긴밀히 협력한다. 학생들은 대학 간 경계를 넘나들며 세미나에 참석하고, 교수들은 여러 기관과 공동 연구를 진행하며, 도서관과 실험실은 상호 개방된다. 1848년 설립된 보스턴 공공도서관은 미국 최초의 대규모 무료 공공도서관으로, 책을 대여하고 분관을 운영하며 아동 열람실을 만든 선구자였다. 이는 지식이 소수의 특권이 아니라 시민 전체가 접근할 수 있는 공공재라는 인식의 실현이다. INTJ가 지식을 체계화하고 독립적으로 학습하는 것을 즐기듯, 보스턴은 누구나 자유롭게 배울 수 있는 구조를 만들어냈다.

산업적 측면에서 보스턴은 지식경제의 완성형이다. 보스턴-케임브리지 지역은 세계 1위 바이오 클러스터로, 보유 특허 5,600여 개, 고용 창출 8만여 명의 규모를 자랑한다. 1970년대 후반 DNA 실험을 허가한 케임브리지시의 결정은 보스턴을 바이오테크 허브로 성장시키는 출발점이었다. 하버드 메디컬 스쿨, MIT의 연구 역량, 매사추세츠 주지사의 전폭적 지원이 결합되며 바이오랩스 같은 공유 실험실 플랫폼이 탄생했고, 스타트업과 대학, 연구소, 기업이 긴밀히 협력하는 혁신 생태계가 구축되었다. 이는 단기적 성과가 아니라 수십 년간 축적된 인재, 자본, 기술의 결과이다. INTJ가 장기적 전략으로 완벽한

시스템을 구축하듯, 보스턴은 교육 투자를 산업 혁신으로 전환하는 정교한 메커니즘을 만들어냈다.

디자인적 측면에서 보스턴은 지식을 공간화한 도시다. 시포트 이노베이션 디스트릭트는 한때 고립된 항만 지역을 혁신과 창업의 중심지로 재탄생시킨 사례다. 770만 평방피트 규모의 이 지역은 도보 가능한 혼합용도 환경으로 설계되었으며, 스타트업, 연구기관, 대기업이 협력하는 공간으로 기능한다. 이는 물리적 공간을 통해 우연한 만남과 지식 교환을 촉진하는 설계다. 보스턴 공공도서관은 단순한 책 보관소가 아니라 AI를 활용한 대규모 디지털화 프로젝트로 수십만 건의 역사 자료를 개방하며, 매사추세츠 전역의 문화유산 기관에 디지털 인프라를 무료로 제공한다. 보스턴 미술관, 존 F. 케네디 박물관, 프리덤 트레일 같은 문화 인프라는 교육과 분리되지 않고 학습의 연장선에 있다. INTJ가 이상적 시스템을 구체적으로 구현하려는 욕구를 가진 것처럼, 보스턴은 지식이 흐르는 물리적·디지털 공간을 설계했다.

미래 도시적 측면에서 보스턴은 교육이 도시 재생과 경제 전환의 엔진임을 증명한다. 전 세계에서 인재와 자본, 기술이 보스턴으로 몰리는 이유는 명확하다. 이곳에서는 대학이 단순히 학위를 주는 곳이 아니라, 지역 혁신 생태계의 핵심 노드로 기능하기 때문이다. 대학은 학생을 훈련시키고, 특허를 출원하며, 지역 기업을 설립하고, 공공 기관과 협력하여 도시 문제를 해결한다. 시포트 지역은 한때 고립된 땅이었지만, 대학과 연계된 혁신 클러스터로 변모하며 보스턴 경제의

새로운 동력이 되었다. 바이오, AI, 로보틱스 같은 신기술 분야에서 보스턴이 실리콘밸리와 어깨를 나란히 하는 이유는, 교육 기관이 단순히 지식을 전달하는 것이 아니라 실험하고 적용하고 상용화하는 전 과정을 주도하기 때문이다. INTJ가 위기를 기회로 전환하는 전략적 사고를 가진 것처럼, 보스턴은 교육을 통해 지속적으로 자신을 재발명한다.

보스턴이 제시하는 사람 중심 도시의 콘셉트는 명확하다. 지식을 특권층의 전유물로 만들지 않고, 누구나 배우고 연구하고 창업할 수 있는 개방적 구조를 만드는 것이다. 공공도서관은 무료로 지식을 제공하고, 대학은 연구 성과를 특허와 스타트업으로 전환하며, 도시는 혁신 지구를 조성해 협력의 장을 만든다. 이는 감성이나 공동체보다 체계와 효율을 중시하는 INTJ적 접근이다. 보스턴에서 학문은 상아탑에 갇히지 않는다. 거리에서, 도서관에서, 카페에서, 실험실에서, 스타트업 사무실에서 지식이 생산되고 교환되며 적용된다. 대학생과 연구자, 창업가와 투자자, 정부와 기업이 하나의 생태계를 이루며 움직이는 곳. 보스턴은 학문이 단순히 배우는 과정이 아니라 도시가 작동하는 원리 그 자체임을 보여준다. 이것이 INTJ형 도시 보스턴이 전 세계 지식 도시에게 전하는 청사진이다.

INFJ

영국 케임브리지

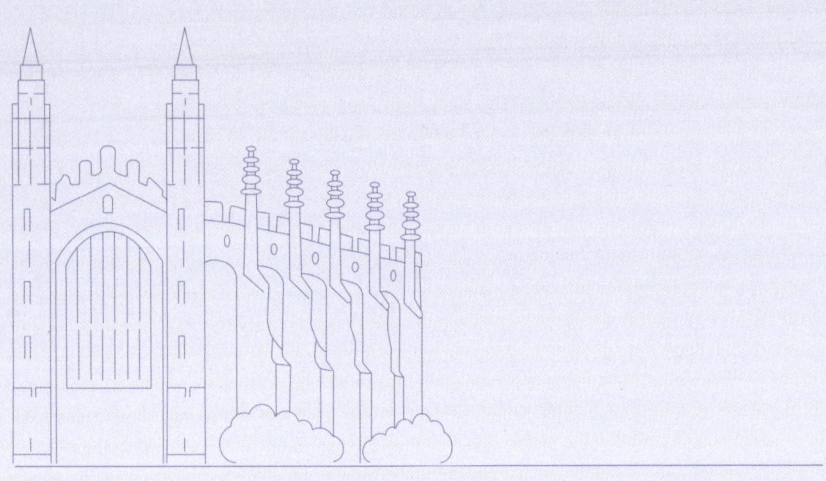

INFJ 통찰력·가치 지향. 조용한 비전가.

- Ⓘ 내향적
- Ⓝ 직관·미래 지향
- Ⓕ 감정·가치
- Ⓙ 계획적

영국 케임브리지에서는 도시와 대학이 하나이다. 1209년 옥스퍼드에서 일어난 학자와 시민 간의 분쟁을 피해 이주한 학자들이 캠 강변에 정착하며 시작된 이 도시는, 800년 넘게 학문 공동체라는 이상을 지켜왔다. MBTI의 INFJ 유형이 가진 이상주의, 깊은 통찰, 장기적 비전, 내면의 가치를 현실에서 구현하려는 성향처럼, 케임브리지는 단순한 지식 전달이 아니라 학문 그 자체가 삶의 방식이 되는 문화를 만들어냈다. 31개 칼리지로 구성된 이 연합 대학은 각각 고유한 역사와 전통을 가지면서도, 학문 공동체라는 더 큰 이상 아래 조화를 이룬다.

교육적 측면에서 케임브리지의 핵심은 슈퍼비전 시스템이다. 매주 1~2명의 학생이 전문가와 1시간씩 만나 토론하는 이 방식은, 대량 교육이 아니라 개인의 지적 성장을 최우선으로 여기는 철학의 표현이다. 학생들은 슈퍼비전을 위해 미리 에세이를 작성하거나 과제를 준비하며, 튜터는 학생의 사고방식을 파악하고 깊이 있는 질문을 던진다. 이는 지식의 양보다 사고의 질을 중시하는 접근이다. 31개 칼리지는 각각 자치적으로 운영되지만, 학생들은 칼리지 경계를 넘어 세미나에 참석하고 협력한다. INFJ가 개인의 잠재력을 꿰뚫어보고 장기적 성장을 돕듯, 케임브리지의 교육은 단기 성과가 아니라 평생 학습자를 키우는 것을 목표로 한다. 90명 이상의 노벨상 수상자를 배출한 것은 이러한 교육 철학의 결과이다.

산업적 측면에서 케임브리지는 실리콘 펜으로 불리는 영국 최대 기술 클러스터다. 1960년대 '케임브리지 현상'으로 시작된 첨단 산업 발전은, 소프트웨어, 전자공학, 바이오테크 분야에서 1500개 이상의 기업을 탄생시켰다. 아마존의 드론 디자인 회사, 마이크로소프트의 AI 반도체 설계 회사, 애플의 시리 연구팀이 케임브리지에 자리한 이유는 명확하다. 대학의 연구 역량과 인재가 산업으로 자연스럽게 흘러들어가는 구조 때문이다. 하지만 케임브리지는 실리콘밸리처럼 무분별한 성장을 추구하지 않는다. 도시의 역사적 경관을 보존하고, 학문 공동체의 가치를 지키며, 기술 발전과 전통의 조화를 모색한다. INFJ 가 물질적 성공보다 의미 있는 기여를 중시하듯, 케임브리지는 경제 성장과 도시 정체성의 균형을 찾는다.

디자인적 측면에서 케임브리지는 시간의 층위가 공존하는 도시이 다. 중세 고딕 양식의 킹스 칼리지 채플, 르네상스 건축의 트리니티 칼리지, 현대적 감각의 퀸스 칼리지가 캠 강을 따라 늘어서 있다. 펀 팅으로 강을 따라 이동하면, 800년의 건축 역사가 파노라마처럼 펼쳐 진다. 도시 설계 가이드라인은 새로운 개발이 역사적 맥락을 존중하 도록 요구하며, 녹지 공간과 보행 친화적 거리를 보존한다. 칼리지의 안뜰과 정원은 외부에 개방되어 시민들도 자유롭게 산책할 수 있다. 이는 지식과 아름다움을 소수가 독점하지 않고, 도시 전체가 공유하 는 문화를 만든다. INFJ가 이상적 환경을 구체적으로 설계하고 조화 를 추구하듯, 케임브리지는 과거와 현재, 학문과 일상, 전통과 혁신이 자연스럽게 어우러지는 공간을 만들어냈다.

미래 도시적 측면에서 케임브리지는 교육이 도시의 영속성을 보장 함을 증명한다. 영국 경제가 정체될 때도 케임브리지는 국내에서 가 장 빠르게 성장하는 도시 중 하나다. 이유는 간단하다. 대학이 끊임없이 인재를 양성하고, 그 인재가 스타트업을 창업하며, 글로벌 기업이 연 구 거점을 설립하고, 이것이 다시 대학의 연구를 자극하는 선순환 구 조 때문이다. 케임브리지는 단기적 유행을 좇지 않는다. 800년 동안 지켜온 슈퍼비전 시스템, 칼리지 공동체 문화, 학문적 자유라는 핵심

가치를 유지하면서, 그 위에 새로운 기술과 산업을 얹는다. INFJ가 변화 속에서도 내면의 원칙을 지키며 장기적 비전을 실현하듯, 케임브리지는 흔들림 없는 교육 이상 위에 미래를 건설한다.

케임브리지가 제시하는 사람 중심 도시의 콘셉트는 명확하다. 교육을 경제 수단이 아니라 도시 정체성의 핵심으로 삼고, 학문 공동체가 만드는 문화가 도시 전체로 확산하도록 하는 것이다. 칼리지 시스템은 학생에게 소속감과 정체성을 제공하며, 슈퍼비전은 개인의 지적 여정을 존중한다. 중세 건축물 사이를 걷는 시민들은 자연스럽게 역사와 학문의 가치를 체감하고, 캠 강변에서 펀팅을 즐기는 여행자들은 아름다움과 지성이 분리되지 않음을 느낀다. 이는 효율이나 경쟁보다 의미와 조화를 중시하는 INFJ적 접근이다. 케임브리지에서 교육은 학교 안에 갇히지 않는다. 거리에서, 강에서, 칼리지 안뜰에서, 서점에서, 펍에서 학문이 일상으로 스며든다. 대학과 도시가 하나가 되고, 과거와 현재가 대화하며, 전통이 혁신을 자극하는 곳. 케임브리지는 학문이 단순히 지식 습득이 아니라 삶의 방식 그 자체임을 보여준다. 이것이 INFJ형 도시 케임브리지가 전 세계 교육 도시에게 전하는 이상이다.

06

관점

도시를 기억하는 시각

ISFP

서울특별시 양천구 그린시티

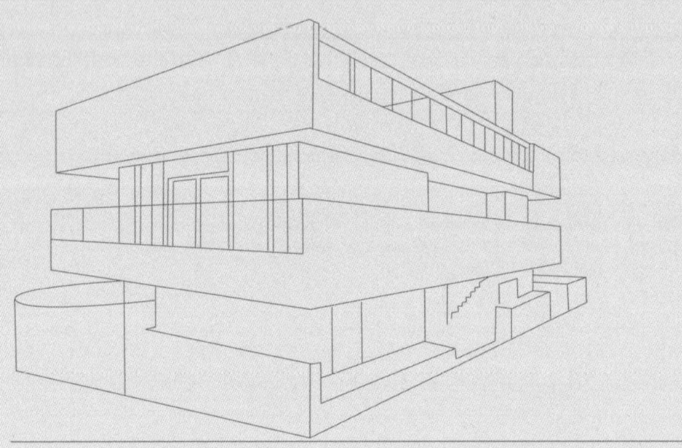

ISFP 온화한 예술가형. 감성적·조용한 실천가.

- ⓘ 내향적
- ⓢ 사실·경험 중심
- Ⓕ 감정·배려
- Ⓟ 즉흥·유연

　도시는 눈으로 보는 공간이 아니라, 마음으로 기억되는 시각의 총합이다. 서울 서남부의 양천구는 '그린시티'라는 이름에 걸맞게 도시를 보는 시선을 바꾸었다. 빽빽한 아파트 숲속에서도 초록이 살아 숨쉬고, 회색 콘크리트 사이에서 물과 바람이 길을 만든다. 이 도시는 사람과 자연이 함께 호흡하는 방식을 고민하며, 환경 그 자체를 도시의 디자인 언어로 채택했다. 도시의 MBTI로 본다면 양천구는 'ISFP형'이다. 감성적이고 따뜻하며, 조용히 도시의 균형을 만들어가는 감각형 도시이다.

　양천구는 2020년 환경부가 주관한 '그린시티 대통령상'을 수상하며 전국에서 가장 모범적인 친환경 자치구로 평가받았다. 인구 밀도가 서울시에서 가장 높은 지역임에도 불구하고, 양천구는 공간의 한계를 창의적으로 극복했다. 생활권 내 낮은 구릉지와 습지를 생태공원으로 조성하고, 주민의 일상과 자연이 교차하는 도시 리듬을 만들어냈다. 그 대표적 사례가 연의생태공원과 서서울호수공원이다.

　연의생태학습관은 고층 아파트 단지 한복판에 자리 잡은 생태의 교실이다. 이곳은 단순한 녹지가 아니라, 생명과 사람이 공존하는 실험장이다. 저류지를 활용한 인공습지에는 다양한 생물종이 서식하고, 아이들은 계절의 변화를 눈으로 배우며 환경 감수성을 키운다.

　서서울호수공원은 폐정수장을 공원으로 재생한 공간이다. 산업의 잔재를 버리지 않고 자연과 예술로 재구성했다는 점에서 상징적이다. 폐정수관을 벤치로 바꾸고, 소음에 반응하는 분수를 설치하여 감기과 놀이가 결합된 공간으로 탈바꿈시켰다. 폐쇄된 시설이 열린 문화 공간으로 다시 태어난 것이다.

　도시의 길과 도로도 양천구의 시각을 바꿔 놓았다. 전기 분전함을 초록울타리로 덮어 도시 경관을 부드럽게 만들고, 도로변 녹지는 자동차의 열기를 식히는 완충 지대가 되었다. 특히 주목할 만한 것은 이 초록울타리를 주민들이 직접 관리한다는 점이다. 157명의 시민이 주 2~3회 자발적으로 방문해 가꾸고, 나무를 돌본다. 도시의 경관이 행정의 결과물이 아니라 시민의 손끝에서 완성되는 것이다.

목동을 중심으로 한 '걷고 싶은 거리 조성 사업'은 양천구의 또 다른 공간 혁신이다. 2.2km 구간의 '바람의 거리', '어울림의 거리' 등 20개의 테마 보도는 도시를 일상의 운동장으로 바꿔놓았다. 고층 건물의 유리벽이 바람을 반사하고, 그 사이의 숲길이 사람의 체온을 되돌려준다. 길을 디자인한다는 것은 결국, 사람이 머무를 수 있는 시간을 디자인하는 일이라는 것을 양천구는 알고 있다.

교육적인 측면에서 양천구는 '환경을 배우는 도시'이다. 생태학습관과 도시 농업 프로그램을 통해 시민이 직접 자연의 원리를 경험하고, 아이들이 도시 속에서 생태 감각을 익힌다. 텃밭을 분양받은 주민들은 스스로를 '도시농부'라 부르며, 흙을 매개로 관계를 맺는다. 이 과정에서 환경 교육은 학교를 넘어 생활의 일부가 된다. 도시가 교과서가 되고, 자연이 교실이 되는 셈이다.

산업적인 측면에서 양천구는 에너지 자립형 도시로 진화하고 있다. 태양광 발전을 활용한 '양천 솔라스테이션'은 폐배터리를 재활용해 전기차를 충전할 수 있는 친환경 에너지 시스템이다. 또한 태양에너지를 활용하는 에너지 자립마을은 기후 위기에 대응하는 도시형 모델로 주목받고 있다. 화석 연료에 의존하지 않는 에너지 구조는 단순한 기술의 혁신을 넘어, 시민의 삶을 지탱하는 새로운 산업 생태계로 발전하고 있다.

디자인적인 측면에서 양천구의 도시 디자인은 기능보다 감각에 가

깝다. 시각적 자극이 아닌 심리적 안정, 인공보다 자연스러운 질서를 추구한다. 공원의 곡선형 산책로, 나무와 벤치의 배치, 조명과 음향의 리듬까지 세심하게 고려되어 있다. 폐공간의 재활용, 녹지와 건축의 조화, 도심 속의 바람길은 양천구가 만들어낸 '도시적 생태 디자인'의 결과이다.

미래 도시적인 측면에서 양천구는 환경과 기술, 공동체가 결합된 '그린테크 시티'를 지향한다. 대심도 빗물 저류 터널을 설치해 침수 피해를 예방하고, 미세먼지를 줄이기 위한 스마트 도시숲 조성 사업이 추진되고 있다. 디지털 센서를 활용한 미세먼지 모니터링, 태양광 기반의 공공 조명은 기술이 사람의 안심과 안전을 위해 작동하는 방식이다. 도시의 지속가능성을 환경적 가치로만 보지 않고, 인간의 행복과 직결된 감각적 경험으로 재해석한 것이 양천구의 차별점이다.

결국 양천구의 그린시티는 환경 행정의 성과를 넘어, 도시가 스스로를 기억하는 시각을 바꾼 결과이다. 양천의 풍경에는 강의 바람, 나무의 흔들림, 사람의 손길이 겹쳐 있다. 자연과 인간이 서로를 존중하며 함께 만든 초록의 시야, 그 안에서 도시는 다시 사람을 중심으로 돌아가기 시작했다.

도시의 MBTI로 본다면 양천구는 감성적이지만 실천적인 ISFP형 도시다. 조용한 손끝으로 환경을 돌보고, 사람의 눈높이에서 도시를 디자인한다. 양천구는 우리에게 묻는다. "도시는 어떤 시각으로 기억되어야 하는가?" 그리고 답한다. "사람과 자연이 함께 본 풍경만이 진짜 도시의 기억이다."

ISFJ

인천광역시 송림골

ISFJ 헌신적·보호자형. 섬세하고 책임감 강함.

- Ⓘ 내향적
- Ⓢ 사실·현실 중심
- Ⓕ 감정·가치
- Ⓙ 계획적

　도시는 언제나 기억의 표면 위에 새겨진 이야기다. 그 거리를 걷는 사람의 눈에는 건물이 보이고, 그 건물의 벽에는 시간이 묻어 있다. 인천 동구의 송림골 근대 문화 거리는 그런 도시의 기억을 품은 공간이다. 오래된 벽돌, 빛바랜 간판, 그리고 끊어진 철로의 잔상이 한데 어우러져 도시가 지나온 시간을 말없이 증언한다. 이 거리는 단순한 공간이 아니라, 한 세기의 문명 전환과 사람들의 삶이 겹친 문화의 층이다. 도시의 MBTI로 본다면 송림골은 'ISFJ형'이다. 조용하지만 깊이 있고, 낡은 것을 품으며 새로운 의미를 덧입히는 따뜻한 기억형 도시다.

　송림골은 인천 개항의 기억을 간직한 도시이다. 이곳에는 서양의 문물이 처음 유입된 시절의 흔적이 남아 있다. 붉은 벽돌로 지어진 근대식 건물, 한옥과 서양 건축이 공존하는 거리의 풍경, 그리고 3·1운동 발상지로서의 역사적 상징성은 이 지역을 단순한 동네가 아니라 '근대의 축소판'으로 만든다. 과거의 산업 시설, 교회, 학교, 철도 창고가 오늘날에도 원형을 유지한 채 남아 있어 도시의 질감이 풍부하다. 그 질감은 '새것'의 반짝임보다 오래된 사물의 온도를 담고 있다.

　교육적인 측면에서 송림골은 살아 있는 교과서이다. 아이들이 교과서 속 사진으로 배우는 근대화의 과정을 이곳에서는 발로 걸으면서

경험할 수 있다. 벽돌 건물의 건축 양식, 간판의 서체, 골목의 폭과 곡선 하나하나가 근대의 미학과 기술, 그리고 사람들의 생활양식을 보여준다. 지역 학교와 연계한 '거리 역사 수업'이나 '도시 기억 탐방 프로그램'을 통해, 이곳은 배움의 현장이 될 수 있다. 학습은 박물관 안이 아니라 거리 위에서 일어나며, 도시가 곧 교재가 된다.

산업적인 측면에서 송림골은 재생의 가능성을 품고 있다. 낡은 건물은 허물어야 할 대상이 아니라, 창업과 문화 산업의 새로운 무대가 된다. 오래된 상가와 창고를 리모델링해 갤러리, 공방, 북카페로 변모시키는 시도는 이미 시작되었다. 여기에 지역 상권이 문화 관광 산업과 결합하면, 근대의 흔적이 경제적 자산으로 전환될 수 있다. 도시의 유산이 단순히 보존의 대상이 아니라, 산업의 콘텐츠로 작동하는 구조가 만들어질 때, 송림골은 지속가능한 문화 도시로 거듭날 것이다.

　디자인적인 측면에서 송림골의 매력은 '시간의 시각화'에 있다. 이곳의 거리 풍경은 완벽하게 정비된 도시가 아니라, 흠과 결이 살아 있는 공간이다. 벽돌의 색이 세월에 따라 바래고, 간판의 철문이 녹슬어가며, 낡은 창틀 사이로 햇빛이 스며든다. 그 불균형이 오히려 이 거리의 아름다움이다. 근대와 현대의 경계선 위에서, 사람들은 과거를 느끼며 현재를 살아간다. 도시 디자인의 핵심은 세련된 조형이 아니라, 기억이 남는 질감에 있다. 이 거리는 바로 그 질감으로 사람의 마음을 움직인다.

　미래 도시적인 측면에서 송림골은 '디지털 기억의 확장'이라는 새로운 실험 무대를 갖고 있다. 메타버스나 증강현실을 통해 개항기 시절의 거리 풍경을 복원하고, 시민이 스마트 기기로 과거의 장면을 체험하는 방식은 이미 여러 도시에서 시도되고 있다. 송림골 또한 이런 방식으로 과거와 현재를 연결할 수 있다. 건물 앞에 설치된 QR코드를 통해 역사적 스토리와 사진, 당시 인물의 증언을 볼 수 있다면, 걷는 경험은 곧 시간 여행이 된다. 이렇게 물리적 공간과 디지털 공간이 결합하면, 송림골은 '살아 있는 박물관 도시'로 발전할 수 있다.

　결국 송림골의 핵심은 이름에 있다. 도시의 한 구역이 아니라, 기억의 장소로 불리기 시작할 때 비로소 생명력을 얻는다.

김춘수의 시처럼, "내가 그의 이름을 불러주었을 때 그는 나에게로 와서 꽃이 되었다." 도시도 마찬가지다. 송림골이라는 이름은 그 자체로 한 세기의 흔적과 정서를 불러내는 언어다. 그 이름을 부르는 순간, 우리는 잊고 있던 도시의 얼굴을 다시 본다.

도시의 MBTI로 본다면 송림골은 과거를 품어 미래를 준비하는 'ISFJ형' 도시다. 기억을 통해 현재를 이해하고, 낡음을 버리지 않고 다시 쓰는 방식으로 도시를 재생한다. 벽돌과 간판, 선로의 잔상 속에 남은 온기는 단순한 풍경이 아니라, 도시가 사람을 품는 감정의 기록이다. 송림골이 그 기록을 이어가는 한, 이 도시는 계속해서 '살아 있는 시간'으로 기억될 것이다.

ENFP

영국 베드제드

ENFP 창의적·열정적 촉진자.

- Ⓔ 외향적
- Ⓝ 직관·미래 지향
- Ⓕ 감정·공감
- Ⓟ 즉흥·유연

도시의 진짜 얼굴은 건축의 높이가 아니라 일상의 밀도 속에 숨어 있다. 영국 런던 남부 서튼(Sutton)에 위치한 생태마을 베드제드(Bed ZED)는 그 일상 속에서 지속가능성을 구현한 대표적 사례이다. 이곳은 하수처리장을 재개발해 만든 친환경 주거 단지이자, 기후 위기 시대의 도시가 나아가야 할 방향을 보여주는 실험실이다. 도시의 MBTI로 본다면 베드제드는 'ENFP형'이다. 이상과 실천의 경계를 허물며, 자연과 인간이 함께 살아가는 낙관적인 창조자형 도시다.

영국은 2050년까지 탄소 배출량을 80% 감축하겠다는 목표를 선언하며, 도시 전반의 구조를 바꾸고 있다. 베드제드는 그 변화의 가장 앞단에 서 있다. 건축가 빌 던스터가 설계한 이 단지는 석유나 석탄 같은 화석연료를 전혀 사용하지 않는다. 자연의 에너지를 모으고, 지역의 자원을 순환시키며, 공동체가 함께 살아가는 방식을 실험한다. 99세대의 주택과 1만6000m²의 업무 공간으로 구성된 이 마을은 크지 않지만, 도시의 패러다임을 완전히 바꾸는 상징적인 규모다.

교육적인 측면에서 베드제드는 '살아 있는 교과서'다. 어린이와 청소년에게 이곳은 학교 밖의 환경 수업 현장이며, 대학과 연구 기관에게는 도시 환경 실험의 실습장이다. 주민들은 스스로 에너지와 자원을 관리하는 참여형 시민으로서 환경 교육의 주체가 된다. 아이들은

태양광 패널과 빗물저장 탱크를 관찰하며 과학을 배우고, 어른들은 도시 농업과 재활용 시스템을 통해 공동체의 지속가능성을 학습한다. 교육이 제도가 아니라 생활이 되는 곳, 그것이 베드제드의 진짜 모습이다.

산업적인 측면에서 베드제드는 '지속가능한 경제'를 구현한다. 개발 주체인 피바디 트러스트와 바이오 리저널 개발그룹은 지역 중심의 친환경 산업 모델을 구축했다. 임대와 분양, 혼합형 주거 방식을 도입해 경제적 다양성을 확보했고, 이를 통해 계층 간의 벽을 허물었다. 재생

목재와 현지 자재를 이용한 건축 과정은 지역 일자리를 창출했으며, 단지 내 에너지 순환 시스템은 운영비 절감을 가능하게 했다. 베드제드는 도시가 환경 정책의 소비자가 아니라, 새로운 산업의 생산자임을 보여준다.

디자인적인 측면에서 이 단지는 '에너지의 시각화'를 통해 환경을 감성적으로 경험하게 한다. 지붕 위의 환기탑은 닭벼슬처럼 생긴 환기구로, 바람의 흐름을 그대로 눈으로 볼 수 있게 한다. 태양광 패널은 햇빛의 각도에 따라 다른 색으로 반짝이며, 건물 외벽의 색채는 단열재의 기능적 필요와 심미적 조화를 동시에 이룬다. 실내는 3cm 두께의 암석 미네랄 섬유로 단열되어 냉난방 장치 없이도 일정한 온도를 유지한다. 디자인은 기술을 숨기지 않는다. 오히려 기술을 아름답게 드러내며, 생활 속 환경 인식을 강화한다.

미래 도시적인 측면에서 베드제드는 '자립형 생태도시'의 모델로 작동한다. 단지 내에서 발생한 빗물을 재활용하고, 인근 산림에서 얻은 목재를 활용해 열병합발전을 한다. 수초를 이용한 생물학적 하수처리 시스템은 기술과 사연의 공존을 보여준다. 단지 내 주차장에는 전기차 충전 폴대가 설치되어 있으며, 주민들은 전기차 공유 서비스를 통해 에너지 소비를 최소화한다. 공동체 내부의 커뮤니티센터에서는 에너지 사용량을 주민끼리 비교·공유하며 효율을 높이는 방식의 사회적 게임이 이루어진다. 이곳에서는 기술이 인간을 지배하지 않고, 인간이 기술을 생활 속에 품는다.

　무엇보다 주목할 점은 베드제드가 단순한 건축 프로젝트가 아니라 '공동체 디자인'이라는 점이다. 주민들이 함께 마을을 설계하고, 유지 관리의 책임을 나누며, 일상의 불편함을 공동체적 감성으로 해결한다. 서로를 배려하고 돕는 생활 문화가 도시의 물리적 틀을 완성한다. 지속가능성은 결국 기술이 아니라 관계에서 완성된다는 철학이 이곳의 바탕에 있다.

베드제드는 런던의 작은 변두리에 위치하지만, 그 실험의 파급력은 세계적이다. 기후 위기 시대의 도시가 어디로 가야 하는지에 대한 명확한 답을 주기 때문이다. 그들의 시각은 '지속가능성'을 거창한 계획이 아니라 일상의 간각으로 본다. 태양을 자원으로, 빗물을 자산으로, 사람을 중심축으로 보는 도시의 프레임이 바로 베드제드의 핵심이다.

도시의 MBTI로 본다면 베드제드는 낙관적이고 창의적인 'ENFP형' 도시다. 환경을 도전으로 보지 않고 가능성으로 바라보며, 지속가능한 삶을 공동체의 문화로 끌어올린다. 베드제드는 우리에게 묻는다. "도시는 무엇을 기억해야 하는가?" 그리고 스스로 답한다. "사람이 자연과 함께 살아가는 방식을 기억해야 한다." 그 기억이 도시의 새로운 시각이자, 미래를 설계하는 가장 인간적인 프레임이다.

ESFP

쿠바 아바나

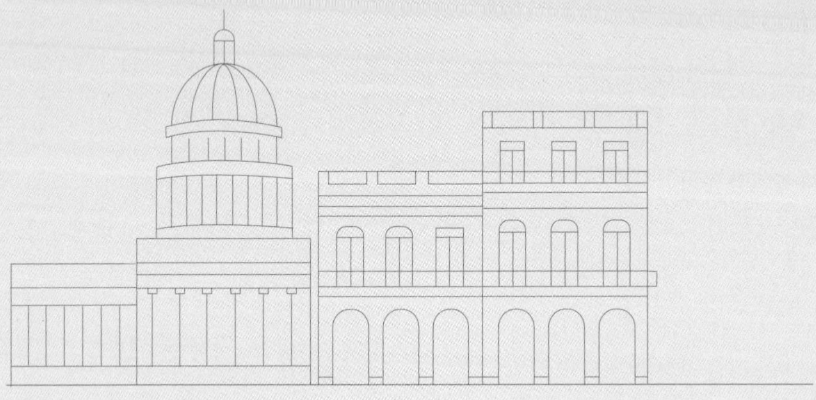

ESFP 사교적·에너지형 실천가.

- Ⓔ 외향적
- Ⓢ 현실·감각 중심
- Ⓕ 감정·배려
- Ⓟ 즉흥·유연

도시의 시간은 늘 표면 위에 남는다. 벽의 색, 길의 굴곡, 그리고 사람의 표정이 그 시대를 기록한다. 카리브해의 관문, 쿠바의 수도 아바나는 그 표면의 기억이 유난히 강렬한 도시이다. 햇살에 바랜 파스텔빛 건물과 반세기를 달린 크롬 자동차들이 공존하는 거리, 낡았지만 여전히 생명력 넘치는 리듬이 이 도시의 얼굴을 만든다. 도시의 MBTI로 본다면 아바나는 'ESFP형'이다. 즉흥적이면서도 감각적이며, 일상의 순간을 예술로 바꾸는 낭만적 실천가형 도시다.

아바나의 거리를 걷다 보면 시간의 층위가 겹친다. 식민지 시대의 바로크 건축, 20세기 초의 스페인풍 저택, 그리고 혁명 이후의 공공 주거 단지가 한 도시 안에 얽혀 있다. 하지만 이 도시의 진짜 매력은 완벽히 보존된 건축물이 아니라, 불완전하게 남은 시간의 자취다. 벽의 균열, 복원되지 않은 간판, 낡은 포스터의 조각 하나까지가 도시의 시각적 언어이다. 이는 단순한 '낡음'이 아니라, 억압과 생존, 그리고 희망이 뒤섞인 인간의 기록이다.

문학가 어니스트 헤밍웨이는 이 도시의 시간을 누구보다 잘 이해했다. 그는 오랜 세월 아바나에 머물며 바다와 사람, 도시의 삶을 글로 옮겼다. '노인과 바다'의 배경이 된 코히마르 항구에는 지금도 그의 흔적이 남아 있다. 낡은 항구의 풍경, 구식 어선, 바람결에 흔들리는 코코넛

나무들은 여전히 그 시절의 공기를 품고 있다. 아바나는 문학의 도시이자, 인간의 고독과 희망이 공존하는 장소다. 헤밍웨이가 그린 바다는 단지 자연의 은유가 아니라, 쿠바의 생존 그 자체였다.

교육적인 측면에서 아바나는 독특한 사회적 실험의 결과물이다. 미국의 경제 봉쇄로 극심한 위기를 겪던 시절, 쿠바 정부는 도시 안에서 스스로 생존하는 법을 가르쳤다. 그것이 도시 농업 혁명의 시작이었다. 도심 곳곳의 빈터, 학교 운동장, 주택 옥상이 텃밭으로 변했고, 아이들은 직접 흙을 만지며 농업을 배웠다. 쿠바의 '오가노포니코'는 농약과 화학 비료를 쓰지 않는 생태 농법으로, 도시를 거대한 유기농 실험실로 바꾸었다. 교육은 지식의 주입이 아니라, 생존의 감각을 일깨우는 일이었다. 도시의 배움이 삶과 맞닿을 때, 사람은 환경의 일부가 된다.

산업적인 측면에서 쿠바의 도시 농업은 경제 봉쇄 속에서 탄생한 자생적 산업이다. 수입이 막힌 상황에서도 시민들은 도심에서 식량을 자급하며 새로운 경제 구조를 만들었다. 도시 근교에는 수천 개의 소규모 유기농장이 생겨났고, 이는 일자리 창출과 지역경제 순환의 기반이 되었다. 생산된 채소와 과일은 인근 시장에서 직접 거래되며, '로컬 푸드'라는 개념이 사회 전반으로 퍼져나갔다. 산업이 거대 공장이 아니라 공동체의 손끝에서 만들어지는 것이다.

디자인적인 측면에서 아바나는 '시간의 미학'을 가장 생생하게 보여주는 도시다. 파스텔톤의 외벽, 창틀에 남은 녹청색 페인트, 손으로 그린 간판의 글씨 하나까지도 감정의 풍경이 된다. 낡은 자동차의 크롬 빛이 오후 햇살에 반짝이며 골목을 물들이고, 광장에 흘러나오는 재즈와 살사의 선율이 거리의 색감을 완성한다. 건축의 화려함보다 그 안에서 살아가는 사람들의 표정이 도시의 디자인을 완성한다. 아바나는 '복원'보다 '유지'의 미학을 택했다. 시간의 결을 남겨두는 것이 도시의 정체성이라 믿기 때문이다.

미래 도시적인 측면에서 쿠바는 여전히 실험 중이다. 기술 중심의 스마트시티 대신, 인간 중심의 지속가능성을 선택하고 있다. 태양광 발전, 도시 농업, 재활용 중심의 순환 경제가 결합된 아바나는 자원 빈국의 한계를 창의력으로 극복한 도시이다. 디지털 인프라가 부족함에도 공동체의 협력으로 만들어낸 생태적 도시 모델은 세계적 주목을 받고 있다. 첨단 대신 관계, 속도 대신 리듬, 효율 대신 유대감이 이 도시의 새로운 미래를 만든다.

결국 아바나는 시간의 도시이다. 미국의 봉쇄 정책 속에서도 문화를 지키고, 생존의 위기 속에서도 예술을 포기하지 않았다. 도시의 벽과 골목은 상처와 자부심을 함께 담고 있다. 그 흔적들이 쌓여 아바나는 '살아 있는 박물관'이 되었다. 이곳의 시각은 과거를 지우지 않고, 그 위에 현재를 덧입히는 방식으로 작동한다.

도시의 MBTI로 본다면 아바나는 감각적이고 회복 탄력적인 'ESFP형' 도시다. 위기를 낭만으로 바꾸고, 불완전함을 매력으로 재구성한다. 아바나는 우리에게 묻는다. "도시의 시간은 어떻게 기억되어야 하는가?" 그리고 답한다. "파스텔빛 낡은 벽과 크롬 빛 자동차처럼, 사람의 흔적이 남아야 도시의 시간이 완성된다."

INTJ

독일 프라이부르크

INTJ 전략가형. 구조화된 사고와 장기 계획.

- Ⓘ 내향적
- Ⓝ 직관·미래 지향
- Ⓣ 논리 판단
- Ⓙ 계획적

　도시의 시각은 단순히 풍경을 보는 눈이 아니라, 시간을 읽는 감각이다. 독일 남서부의 대학 도시 프라이부르크는 그 감각이 유난히 정교한 도시이다. 이곳의 거리는 빛을 향해 열려 있고, 사람들의 삶은 태양의 궤도 위에 맞춰져 있다. 트램이 도심을 가로지르며 에너지의 흐름을 잇고, 지붕 위의 태양광 패널이 도시의 미래를 비춘다. 프라이부르크의 시각은 '지속가능성'이라는 렌즈를 통해 세상을 바라보는 눈이다. 도시의 MBTI로 본다면 프라이부르크는 'INTJ형'이다. 계획적이고 체계적이며, 기술과 철학을 결합해 미래를 설계하는 도시이다.

　프라이부르크의 역사는 1970년대 중반, 한 사건에서 시작됐다. 인근 빌 지역에 원자력 발전소를 건설하려는 정부 계획이 발표되자, 시민들은 이에 반대하는 거대한 연대 운동을 일으켰다. 이 운동은 단순한 반대가 아니라, 새로운 에너지 철학을 선언한 시민혁명이었다. 프라이부르크 사람들은 "줄이는 것이 가장 깨끗한 에너지"임을 깨달았다. 원전 건설을 막은 그들의 저항은 곧 '에너지 자립'이라는 도시의 비전으로 발전했다. 그리고 이 도시는 유럽 환경 정책의 상징이자 '태양의 수도'로 불리게 되었다.

　교육적인 측면에서 프라이부르크는 '시민이 배우는 도시'다.

초등학교부터 대학까지 에너지 절약과 환경 교육이 체계적으로 이뤄지고, 학생들은 실험과 체험을 통해 태양의 원리를 배운다. 프라이부르크 대학교는 500년의 역사를 자랑하며, 에너지 정책과 도시 계획 분야에서 유럽의 대표적인 연구 허브 역할을 한다. 시민들도 학교 밖에서 학습을 이어간다. 지역의 환경단체와 연구소, 그리고 시청의 환경국이 공동으로 운영하는 세미나와 워크숍을 통해 누구나 에너지 소비를 줄이는 방법을 배우고 실천한다. 이 도시는 교육을 제도로 가두지 않고, 일상의 습관으로 만든다.

산업적인 측면에서 프라이부르크는 '에너지 순환 경제'의 모델 도시이다. 태양광 산업을 중심으로 수많은 스타트업이 성장했고, 환경 기술 기업과 연구 기관이 도심 곳곳에 자리 잡았다. 특히 태양 에너지 기업 '솔라-페어라인(Solar Fabrik)'은 지역 내 재생 에너지 생산의 핵심 역할을 한다. 개인 주택뿐 아니라 공동 주택, 공공 건물까지도 지붕 위에 태양광 패널을 설치했고, 생산된 잉여 전력은 전력 회사가 고정 가격으로 매입한다. 태양을 '공유 자원'으로 인식한 이 구조는 도시 전체를 거대한 발전소로 만든다. 시민은 소비자가 아니라 생산자로 존재하며, 그 참여 자체가 산업의 동력이다.

디자인적인 측면에서 프라이부르크는 기술을 감성으로 번역하는 법을 알고 있다. 태양의 움직임에 따라 회전하는 건축물 '헬리오트롭'은 이를 상징적으로 보여준다. 건물의 외벽 절반은 유리로, 나머지 절반은 단열재로 이루어져 있으며, 계절과 햇빛의 각도에 따라 스스로 회전한다. 여름에는 단열재가 태양을 막고, 겨울에는 유리면이 태양을 향한다. 옥상의 태양광 패널은 자동으로 각도를 조절하며 하루의 빛을 읽는다. 이는 단순한 건축 기술이 아니라 '태양을 읽는 건축'이다. 프라이부르크의 주택과 공공 건물은 저에너지 설계를 원칙으로 하며, 이 조용한 기술적 미학이 도시의 시각적 정체성을 완성한다.

미래 도시적인 측면에서 프라이부르크의 상징은 생태 주거 단지 '보봉(Vauban)'이다. 이곳은 1990년대 초까지 주둔하던 프랑스 군부대 부지를 시민이 재생한 생태 마을이다. 차량 통행이 거의 없는 거리, 주차장을 외곽에 배치한 구조, 태양광 패시브하우스로 이루어진

주택 단지는 '탄소 없는 삶'을 실험한다. 보봉은 행정이 만든 도시가 아니라, 시민이 설계하고 운영하는 자율 공동체이다. '포럼 보봉'이라는 시민협의체가 설계 단계부터 참여했고, 지금도 주거관리와 공동체 운영의 주체로 활동한다. 도심을 연결하는 트램은 단순한 교통수단이 아니라, 사람과 사람을 잇는 도시의 선이다.

프라이부르크가 특별한 이유는 기술 때문이 아니라, '참여의 미학'에 있다. 원전 반대 운동으로 시작된 시민의 힘은 도시 행정, 연구 기관,

기업, 정부까지 아우르는 협력 구조를 만들었다. 시장은 비전을 제시하고, 시민은 비판과 대안을 제시하며, 기업은 기술로 그 비전을 실현한다. 이런 수평적 파트너십이 프라이부르크를 유럽 환경 수도로 이끌었다. 도시의 기억은 이제 태양을 향한 지붕 위에, 트램이 그어 놓은 궤도 위에 남아 있다.

도시의 MBTI로 본다면 프라이부르크는 체계적이면서도 통찰력 있는 'INTJ형' 도시다. 원칙과 실험을 병행하며, 기술을 인간의 삶에 맞게 조율한다. 프라이부르크는 우리에게 묻는다. "지속가능성은 어디서 시작되는가?" 그리고 답한다. "사람의 의식에서 시작되어 도시의 시각으로 확장된다." 태양을 읽는 지붕, 트램이 그은 선, 그리고 시민의 의식이 하나의 시야로 이어질 때, 도시는 비로소 미래를 기억하게 된다.

ENFP

캐나다 몬트리올

ENFP 창의적·열정적 촉진자.

- Ⓔ 외향적
- Ⓝ 직관·미래 지향
- Ⓕ 감정·공감
- Ⓟ 즉흥·유연

도시의 기억은 표면과 지하, 두 개의 시선으로 읽을 수 있다. 캐나다 몬트리올은 그 두 시선이 공존하는 드문 도시다. 지상에서는 예술이 벽을 타고 흐르고, 지하에서는 삶이 이어진다. 거리마다 벽화가 거대한 갤러리처럼 펼쳐지고, 발밑의 지하 도시는 거대한 미로이자 생활의 동맥이 된다. 몬트리올의 시각은 '이중 초점'이다. 하나는 사람의 감성을 향하고, 다른 하나는 도시의 지속성을 향한다. 도시의 MBTI로 본다면 몬트리올은 'ENFP형'이다. 자유롭고 창의적이며, 예술과 삶의 경계를 허무는 낙관적 도시이다.

몬트리올의 역사는 '겹겹의 도시'로 설명된다. 17세기 프랑스 식민도시로 출발해, 이후 영국의 영향 아래에서 성장했고, 오늘날에는 불어권 문화와 영어권 문화가 교차하는 복합적 정체성을 가진 도시가 되었다. 도시의 풍경은 이 다층적 역사의 반영이다. 고딕풍 교회와 현대식 고층 건물이 나란히 서 있고, 거리에는 프랑스식 간판과 영어 간판이 공존한다. 문화적 긴장감이 때로는 대립을 낳았지만, 그 충돌이야말로 몬트리올을 세계에서 가장 다채로운 도시로 만든 원동력이 되었다.

교육적인 측면에서 몬트리올은 '예술로 배우는 도시'이다. 맥길대학교, 콘코디아대학교, 몬트리올대학교 등 세계적 대학이 밀집해 있어

도시 전역이 젊은 학문과 문화의 실험장이 된다. 특히 콘코디아대학교 미디어아트 학과는 도시와 예술의 관계를 탐구하는 연구로 유명하다. 학생들은 벽화를 통해 도시 공간을 재해석하고, 지역 커뮤니티와 협력하여 공공 예술을 실행한다. 거리 곳곳에 그려진 거대한 벽화는 단순한 장식이 아니라, 사회적 메시지를 담은 학습의 결과물이다. 교육이 교실 안에 머물지 않고, 거리 위로 확장되는 도시가 바로 몬트리올이다.

산업적인 측면에서 몬트리올은 '창의 산업의 수도'로 불린다. 게임, 영상, 음악, 패션 산업이 발달했으며, 특히 유비소프트를 비롯한 글로벌 게임 기업들이 이곳에 본사를 두고 있다. 이러한 산업적 성공의 배경에는 예술적 감수성과 기술적 혁신이 공존하는 도시 분위기가 있다. 도시는 예술가와 기술자를 분리하지 않는다. 건축가와 프로그래머, 디자이너와 무용가가 함께 협업하며 새로운 형태의 산업을 만들어낸다. 창의성은 산업의 엔진이자, 도시의 정체성을 이루는 핵심 자원이다.

디자인적인 측면에서 몬트리올은 '표면의 미학'을 실험한다. 도시의 벽화 프로젝트는 단순히 낙서가 아니라, 시민이 참여하는 대규모 도시 예술 운동이다. 매년 여름 열리는 'MURAL 페스티벌'은 도시의 벽을 캔버스로 바꾸며, 지역 예술가들이 사회적 메시지를 시각화한다. 회색빛 콘크리트가 예술로 덮이는 순간, 도시의 공기는 따뜻해진다. 또 다른 디자인의 핵심은 지하도시 '레지오몽트리올(RESO)'이다. 32km 이상 이어지는 지하도시는 추운 겨울에도 사람과 문화, 상업 활동이 끊이지 않도록 설계된 복합 공간이다. 지하철, 쇼핑몰, 극장, 미술관이 유기적으로 연결되어 있어, 지하가 또 하나의 도시로 기능한다. 몬트리올은 지상과 지하, 예술과 실용을 동시에 보는 시각적 도시이다.

미래 도시적인 측면에서 몬트리올은 '기후 적응형 도시'의 선두 주자다. 혹독한 겨울과 짧은 여름이라는 기후적 한계를 오히려 도시 계획의

출발점으로 삼았다. 지하 도시는 단순한 편의시설이 아니라, 기후 회복력의 상징이 되었다. 또한 친환경 교통 정책을 강화해 자전거 도로와 전기 버스 인프라를 확장하고 있으며, 녹지 공간을 도심 곳곳에 분산 배치해 열섬 현상을 완화한다. 2022년에는 탄소 중립 도시를 선언하며, 예술과 환경을 결합한 공공 디자인 전략을 발표했다. 벽화의 소재를 친환경 도료로 교체하고, 예술이 환경 메시지를 담는 '에코아트 프로젝트'가 활성화되고 있다. 예술이 도시의 기후 정책을 시각적으로 해석하는 것이다.

결국 몬트리올의 매력은 '이중성의 조화'에 있다. 벽화는 도시의 감성을 표현하고, 지하 도시는 도시의 실용성을 유지한다. 하나는 자유로운 표현의 상징이고, 다른 하나는 생존의 기술이다. 두 층의 시선이 만나며 몬트리올은 예술과 기술, 감성과 시스템이 공존하는 균형 잡힌 도시로 완성된다. 도시의 기억은 벽 위의 색과 지하의 길 모두에 새겨진다.

도시의 MBTI로 본다면 몬트리올은 창의적이고 감성적인 ENFP형 도시다. 자유와 실험을 두려워하지 않으며, 예술을 도시의 언어로 사용한다. 몬트리올은 우리에게 묻는다. "도시의 시각은 무엇을 담아야 하는가?" 그리고 스스로 답한다. "예술로 사람을 연결하고, 기술로 사람을 지킨다." 벽화와 지하의 이중 초점, 그 사이에 흐르는 인간의 온기가 몬트리올을 기억하게 한다.